個人施行
区画整理の手引き
ひとりの発意から街づくりへ

《編集》財団法人 区画整理促進機構
《共著》大場雅仁・加塚政彦・杉浦宇

大成出版社

編集にあたり

　我が国は近年、人口増加から減少へと社会構造も転換期にきており、都市のコンパクト化が必然化されてきました。それに伴って都市の整備も供給型から既成市街地の再構築が求められ、区画整理事業も公共施設の整備改善から土地利用の具体的実現へと様変わりしてまいりました。

　民間の区画整理事業も今までは、組合施行が中心で旺盛な宅地需要をマーケットとした大規模なニュータウンなど新市街地の開発を主に行ってきました。そこでは、民間事業者が業務代行方式でリスクともども請け負っておりましたが、バブル崩壊後は民間事業者もリスク管理がし易い、小規模で事業期間の短い区画整理事業へとシフトしてきました。つまり、合意形成によるリスク、事業の長期化によるリスク、マーケットの変動のリスクを避けるために、熟成した街なかでの小規模な区画整理を短期間で行うようになっています。特に、関係権利者が少ない場合は、事業手続きの簡単な個人施行の区画整理が多く使われるようになりました。

　もっとも、これまでの個人施行の区画整理の実施例を見てみると、当初から区画整理を計画していたのではなく、ひとりの土地活用の発意から始まって、周囲の土地を含めた街づくりに展開していく中で、その手法として個人施行の区画整理を選択しているケースが多くなっています。

　そもそも個人施行は、土地区画整理法制定時から施行形態のひとつとして位置づけられており、地権者が組合等の法人格を得ることなく自然人のままで施行できることが約束されているもので、実はふるくから着実に実施されてきています。

　しかしながら、組合施行とは違い、今まで個人施行の区画整理の進め方を書いた解説書は出版されてなく、専門の区画整理コンサルタントでしか対応できませんでした。そこで、当機構ではこれら専門コンサルタントを中心に構成した個人施行区画整理研究会を設け、1年余りにわたり最近の特徴的な事例等をもとに、その実務について議論してまいりました。ここに、その成果を事業のながれに沿って「事業開始の準備」「事業の開始」「事業の実施」といった段階ごとに整理しました。

　今後は公共団体の区画整理事業も多くは望めない中で、「民間でできる事業は民間で」と民間活力を重視する時代となりました。それに応えるためにも、民間事業者に街なかでの開発の一手法として個人施行の区画整理が広く活用されるよう願ってやみません。

財団法人　区画整理促進機構
理事長　和田　祐之

はじめに

　一つの時代が終わり、次の時代へ移行する際には必ずエポック（歴史的転換）が訪れます。人口が減り続ける時代へ移行する、私たちは今まさにそのエポックの中にいます。

　市街地の整備も量を増やすことで対応する時代はすでに終わりを告げました。これからは、既存のストックを活かしながら質を高めていくことを考えなければなりません。そのためにはまず、官民協働や住民参加を進めつつ、拡散した市街地をコンパクトに集約していくことが必要です。そのうえで、新しい時代の多様な土地活用のニーズに適応するように、公共施設を再配置して街区を再編したり敷地を統合したりして、良質な市街地空間を創出していくことが重要です。

　区画整理は、これまでの量的拡大を図る市街地整備にも大きく貢献してきましたが、新しい時代のこうした要求にも柔軟に、また的確に対応できる優れた手法です。一般の地権者にとって土地活用に区画整理といっても、あまり実感がわかないかもしれませんが、たとえば接道条件が悪くて思うに任せない土地の活用を考えるときに、周辺の土地と集約したり入れ替えたりすることで解決することは意外と多いものです。そのような場合、土地の交換・分合のルールがはっきりしていて、しかも税制優遇を含むいろいろな支援を受けられる区画整理は大変便利なツールです。

　それでも、区画整理に対しては「減歩されて土地が減る」、「手続きが面倒」、「合意形成が大変」、「時間がかかる」等といったネガティブな印象を受けるかもしれません。しかし、この本で紹介する個人施行の区画整理は、少ない負担と簡便な手続きにより、早期の事業化を実現します。このため、新しい時代に移行する中で街なかの土地活用や街づくりの現場において俄然脚光を浴びるようになってきました。

　ところが、これまで個人施行の区画整理の進め方や実務について記された書物がなく、多くの関係者から手引きとなるものが切望されていました。この本ではそのような要望に応えるべく、事業の準備段階から実施段階、終了までを努めて丁寧に詳述しましたので、いろいろな場面で役に立つことと思います。

　個人施行は比較的小規模で行われることが多いため、都市や地域の中では確かに小さな「点」に過ぎないかもしれませんが、街づくりの方針やマスタープランに沿って進めていくことによって、他の市街地整備と連動・連携する中で点が線になり、やがて面として連なっていきます。

　こうした積み重ねが、これまで市街地を拡大する時代の中で失った美しい国土と地域社会——かつて多くの外国人が褒め称えた我が国の原風景——を新しいかたちで復活させ、いつの日か再び世界から絶賛される美しい国へと変貌を遂げるに違いありません。

　そのとき私たちは、あの頃が美しい時代へ回帰するエポックであったと振り返ることでしょう。

平成18年9月
著者を代表して　大場　雅仁

目次

第1章　個人施行区画整理の特徴とその実務

1．21世紀の街づくりにおける区画整理の役割 …………………… 3
(1) 21世紀の街づくり…………………………………………………… 3
(2) 区画整理の役割……………………………………………………… 3
(3) 既成市街地における区画整理の課題……………………………… 4

2．個人施行区画整理の特色 …………………………………………… 6
(1) 区画整理の施行者と個人施行の形態……………………………… 6
(2) 個人施行の特質……………………………………………………… 7
(3) 個人施行の特色…………………………………………………… 11
(4) 同意施行…………………………………………………………… 19

3．個人施行区画整理の実務 ………………………………………… 26
(1) 実務の構成………………………………………………………… 26
(2) 事業のながれ……………………………………………………… 27
(3) 業務の進め方……………………………………………………… 29

第2章　事業開始の準備

1．施行認可までのながれ …………………………………………… 34

2．事業の発起段階 …………………………………………………… 35
(1) 土地活用の発意から街づくりへ………………………………… 35
(2) 手法の選択………………………………………………………… 35
(3) 予定する施行地区の設定………………………………………… 37
(4) 施行主体の選択…………………………………………………… 38
(5) 事業化準備のための推進組織…………………………………… 43
(6) 行政への事前相談………………………………………………… 44
(7) 関係権利者等への説明…………………………………………… 45
(8) 技術的援助の請求………………………………………………… 46
(9) 調査・測量………………………………………………………… 47
(10) 準備段階の助成制度……………………………………………… 54

3．規準または規約案の作成 ………………………………………… 56
(1) 規準または規約の役割…………………………………………… 56
(2) 定めるべき内容…………………………………………………… 56
(3) 諸規程の作成……………………………………………………… 61

4．事業計画案の作成 ………………………………………………… 62
(1) 事業計画の概要…………………………………………………… 62

(2) 施行地区 …………………………………………………………64
　　　(3) 設計の概要 ………………………………………………………65
　　　(4) 施行期間 …………………………………………………………75
　　　(5) 資金計画 …………………………………………………………76
　　5．事業の財源 ……………………………………………………………79
　　　(1) 施行者負担金 ……………………………………………………79
　　　(2) 保留地処分金 ……………………………………………………79
　　　(3) 補助金 ……………………………………………………………79
　　　(4) 公共施設管理者負担金 …………………………………………83
　　　(5) その他の財源 ……………………………………………………84
　　6．都市計画手続き ………………………………………………………88
　　　(1) 都市計画事業と非都市計画事業 ………………………………88
　　　(2) 都市計画の決定事項 ……………………………………………89
　　　(3) 都市計画を定める者と決定手続き ……………………………90
　　7．換地設計 ………………………………………………………………92
　　　(1) 換地設計の意義 …………………………………………………92
　　　(2) 換地設計 …………………………………………………………92
　　8．事前協議 ………………………………………………………………100
　　　(1) 事前協議の意義 …………………………………………………100
　　　(2) 事前協議の内容 …………………………………………………100
　　9．同意書の取得 …………………………………………………………104
　　　(1) 同意取得対象者 …………………………………………………104
　　　(2) 宅地以外の土地を管理する者の承認等 ………………………105
　　10．施行認可申請 …………………………………………………………106
　　　(1) 認可申請書の作成 ………………………………………………106
　　　(2) 認可の基準 ………………………………………………………106
　　　(3) 施行認可に伴い発生する責任と権限 …………………………107

第3章　事業の開始

　　1．事業の開始 ……………………………………………………………124
　　　(1) 登記所への届出 …………………………………………………124
　　　(2) 代表者印等の作製 ………………………………………………124
　　　(3) 事務所の設置等 …………………………………………………124
　　2．一人施行の実施体制 …………………………………………………126
　　3．共同施行の実施体制 …………………………………………………127
　　　(1) 組織形態 …………………………………………………………127

(2)　執行機関 …………………………………………………………127
　(3)　監査機関 …………………………………………………………132
　(4)　議決機関 …………………………………………………………132
4．財務管理 ………………………………………………………………135
　(1)　予算 ………………………………………………………………135
　(2)　決算 ………………………………………………………………136
　(3)　会計経理 …………………………………………………………136

第4章　事業の実施

1．施行認可後の実務のポイント …………………………………………154
2．仮換地指定と使用収益停止 ……………………………………………156
　(1)　仮換地指定の目的と意義 ………………………………………156
　(2)　仮換地指定の方法 ………………………………………………157
　(3)　仮換地指定の時期 ………………………………………………157
　(4)　仮換地指定の図書 ………………………………………………158
　(5)　仮換地に指定されない土地の管理 ……………………………161
3．区画整理の工事 ………………………………………………………163
　(1)　工事開始までの準備 ……………………………………………163
　(2)　施工業者の選定 …………………………………………………163
　(3)　工事の実施 ………………………………………………………166
4．使用収益開始通知 ……………………………………………………169
5．法第76条申請 …………………………………………………………172
　(1)　法第76条の趣旨 …………………………………………………172
　(2)　提出書類 …………………………………………………………172
6．建築工事の実施 ………………………………………………………174
　(1)　建築基準法の道路指定手続き …………………………………174
　(2)　区画整理工事との役割分担 ……………………………………174
7．出来形確認測量の実施 ………………………………………………180
　(1)　出来形確認測量の目的 …………………………………………180
　(2)　出来形確認測量の事前協議 ……………………………………180
　(3)　地図の記載内容・精度等の確認 ………………………………180
8．換地計画の申請と認可 ………………………………………………182
　(1)　換地計画の意義と内容 …………………………………………182
　(2)　清算金の計算 ……………………………………………………182
　(3)　換地計画作成上の留意点 ………………………………………183
9．換地処分通知 …………………………………………………………188

(1)	換地処分の概要	188
(2)	送付先の確認	189
(3)	公共施設の消滅帰属の通知	191
(4)	換地処分の公告	191

10．区画整理登記の申請 ……193
(1)	区画整理登記の目的と意義	193
(2)	区画整理登記の留意点	193

11．清算金の徴収交付 ……194
(1)	清算金の確定について	194
(2)	清算の方法について	194
(3)	担保権者の同意	194
(4)	清算金の徴収交付事務	195
(5)	清算と税金	195
(6)	地権者への周知と滞納者の取り扱い	195

12．終了認可申請 ……197
(1)	終了認可申請	197
(2)	事業の廃止申請	197

コラム目次

敷地整序型土地区画整理事業とは	8
個人施行区画整理の課税特例	15
ひとつの地区で2つの事業は可能か？	38
個人施行区画整理と開発型不動産証券化	86
総合設計制度と個人施行区画整理	102
個人施行における罰則	108
個人施行区画整理に対する監督	138
建物の移転工法（実は高層ビル以外何でも曳けます？）	168
関係権利の調整	169
個人施行区画整理とマンション分譲事業（承継による施行者の変動に注意）	175
市街地再開発事業との一体的施行の留意点	184

様式目次

様式2－1	同意書（技術的援助申請）	110
様式2－2	技術的援助申請書	111
様式2－3	土地各筆調書	112
様式2－4	土地種目別集計表	112

様式2-5	公共施設用地調書	112
様式2-6	公共施設用地総括表	112
様式2-7	名寄せ簿	112
様式2-8	土地立入認可申請書	113
様式2-9	土地立入通知書	114
様式2-10	土地の境界確定について	115
様式2-11	境界同意書	116
様式2-12	事前協議書	117
様式2-13	同意書	118
様式2-14	地区編入の承認申請書	119
様式2-15	施行認可申請書	120

様式3-1	事業施行認可の届出	139
様式3-2	文書収受簿	140
様式3-3	文書発送簿	140
様式3-4	地権者会議開催通知書	141
様式3-5	地権者会議議事録	142
様式3-6	出張命令簿	143
様式3-7	仮に権利の目的となるべき宅地、またはその部分の指定証明願書	143
様式3-8	仮換地証明願書	144
様式3-9	保留地証明書	145
様式3-10	収支予算	146
様式3-11	収支決算書	148

様式4-1	仮換地指定通知書（鑑）例（所有者用・使用収益開始同時通知）	198
様式4-2	仮換地指定通知書（鑑）例（所有者用・使用収益開始後日通知）	199
様式4-3	仮換地指定通知書（鑑）例（底地所有者用（裏指定））	200
様式4-4	仮換地指定通知書（鑑）例（借地権者用）	201
様式4-5	法第76条申請に関する説明書	202
様式4-6	法第76条申請書	204
様式4-7	法第76条申請に伴う確約書	206
様式4-8	換地明細	208
様式4-9	各筆各権利別清算金明細（所有権者の部）	209
様式4-10	各筆各権利別清算金明細（借地権者等の部）	210
様式4-11	各筆各権利別清算金明細（抵当権者等の部）	211
様式4-12	換地処分通知	212

様式 4 – 13	換地処分の公告があった旨の届出	213
様式 4 – 14	換地処分登記嘱託書例	214
様式 4 – 15	清算金決定通知書	216
様式 4 – 16	供託不要の申出書	217
様式 4 – 17	租税特別措置法第33条の4、第65条の2等にもとづく課税の特例（5,000万円控除）を受ける場合の証明書	218
様式 4 – 18	終了（廃止）認可申請	222

第1章
個人施行区画整理の特徴とその実務

1．21世紀の街づくりにおける区画整理の役割

(1) 21世紀の街づくり

　これまでの社会は、人口が右肩上がりに増えることを前提として成り立っていました。人口が増加することで、経済は成長し続け、年金や社会保障の制度設計も健全に機能し、また住宅・社会資本の整備も着実に進めることを是としてきました。もちろん、都市計画や街づくりの分野も例外ではありませんでした。特に戦後の高度成長期は都市への人口集中が著しかったこともあって、経済効率を追求しつつリーズナブルな宅地を大量に供給するために、市街地を郊外へと拡大することによって対応を図ってきました。その結果、市街地の面積*はこの30年余りだけを捉えても2倍に増え、私たちの暮らし向きも格段に向上しました。

　しかし一方で、かつては多くの外国人からその美しさに羨望の眼差しを向けられた国土がたくさんの緑を失いましたし、同様に賞賛されたコミュニティ（地域社会）も喪失しました。そのうえ、できあがった新しい市街地は機能的ではあるものの、やや画一的な面は否めませんし、結果として薄く広まった市街地は求心力をなくして、ふるくからの市街地はシャッター通りと化しました。

　今私たちはこうした「負の遺産」を抱えながら、新しい時代のとば口に立っています。都市計画や街づくりも量で対応する時代はすでに終わり、これからは質を高める努力が求められています。

　そのためにはまず、官民協働をより一層推進し、市民や住民が主体的に参加できる仕組みを構築したり、民間の資金やノウハウを適切に活用したりすることによって、それぞれの都市や地域が個性や多様性を発揮できるようにすることが重要です。

　また、都市構造を過度にクルマに依存した現在の拡散型から、エネルギー供給や社会資本の維持管理等多くの面で効率の良いコンパクトな集約型に転換することが必要だともいわれています。そのうえで、地域の街づくりにおいても既存のストックを活用しつつ、新しい時代に対応した公共施設の再配置、街区の再編を図ることが必要です。

　つまり、住民参加等により街づくりのシステムを変えることと、都市や地域の物理的な構造を変えること——そうしたソフト、ハード両面における積み重ねが、21世紀の街づくりに求められています。

(2) 区画整理の役割

　区画整理の目的は、「公共施設の整備改善」と「宅地の利用の増進」であると土地区

　＊ここでは人口集中地区（DID）面積。人口集中地区とは、原則として人口密度が1平方キロメートル当たり4,000人以上の基本単位区等が市区町村の境域内で互いに隣接して、それらの隣接した地域の人口が国勢調査時に5,000人以上を有する地域。昭和45年に60万ヘクタールだった全国DID面積は、平成12年には120万ヘクタールを超えています。

画整理法第2条第1項に規定されています。

この目的にしたがい現在までに区画整理は、さまざまな地域において約40万ヘクタールの市街地を整備してきました。これは全国の人口集中地区の約3分の1に相当する面積です。また、区画整理の施行により、毎年約3～4千ヘクタールの宅地を安定的に供給してきましたし、事業で整備した公園は約1.2万ヘクタールにも及びます。このように、区画整理は市街地の拡大が続く時代の中で、常にその先導的役割を果たしてきました。

しかし、そうした新しい市街地を郊外に次々と開発する間に、既成市街地は次第に多くの課題を抱え込んでいました。空洞化した中心市街地、劣悪なままの防災性能、散在する虫食い的な低未利用地、更新時期を迎えた社会資本など、今後は人口減少社会の中で、これらの課題を抱えた既成市街地を再生し再構築することが市街地整備の新しいテーマです。そして、公共施設の整備改善と宅地の利用増進を同時に図ることのできる区画整理は、ここでも主役になることが期待されています。

なぜなら区画整理は、
① 住民参加を基本とした事業で、民主的な手続きを踏んで住民の意思が反映されるシステムが確立している
② 合理的に土地の交換・分合ができ、そのうえ税制優遇等が受けられるので、今後の土地活用のニーズにあった公共施設の再配置、街区の再編、敷地の統合などに力を発揮する

事業であり、21世紀の街づくりに求められる要素をもとよりあわせ持っているからです。

(3) 既成市街地における区画整理の課題

既成市街地を再生・再構築するとはいっても、一筋縄にはいきません。既成市街地は、往々にして比較的規模の小さな宅地が入り組み、その中に建物等が建て込んでいますし、基盤施設等の既存ストックがそれなりにあるので、地価は相応に高く、権利関係も複雑です。そして、当たり前のことですが、居住者による生活や商業・業務等の従事者による都市活動が活発に行われているのです。

そうした中で、これまでどおりの原位置換地と減歩に頼った区画整理を施行する場合、狭小な宅地は減歩によりますます小さくなって従前の生活空間を確保することが難しくなりますし、建物密度が高いことによる移転移設費の増大は事業の成立を阻みます。また、既に相応に高い地価は、減歩に見合うだけの上昇が見込まれず、減価してしまうことも多いでしょう。そして、さまざまな利害関係者の意向に配慮するあまり、事業は長期化せざるを得ません。総じていえば、既成市街地で従来どおりの区画整理を施行しようとすると、合意形成が難しく、経済効率が悪いのです。

こうしたことからこれまでは、民間による既成市街地の区画整理はほとんど行われず、主に地方公共団体等の公的な主体がその役割を担ってきました。しかしながら、昨今の

厳しい財政事情のもとで、すべての要整備地区を公的主体に任せることは困難になってきています。よって、今後は一般の地権者や民間事業者が主体的に参画できるよう、従来の区画整理の原則にとらわれない、早期の事業化を実現し得る柔軟な仕組みが求められています。

また、既成市街地を再生し再構築するに当たっては、基盤整備と建物整備を同時に達成することで相乗効果がもたらされます。このため、既成市街地では区画整理で基盤の整備だけ行い、後の土地利用はなるに任せるといったことは考えられません。したがって、既成市街地の区画整理では整備した土地の上に建てる建物の計画を常に念頭において施行することも求められます。

これらのニーズに応える区画整理とは、たとえば相応に都市基盤が整っている地域や建物の公共的空地と連携を図ることが可能な地区などでは、公共施設の量的拡大を必要以上に行うことなく、また施行する区域も建物の共同化等の合意形成が容易な範囲に限定するといった弾力的運用の図られる事業です。

以下に述べる個人施行の区画整理は、そうした事業を実施するのに大変適しています。

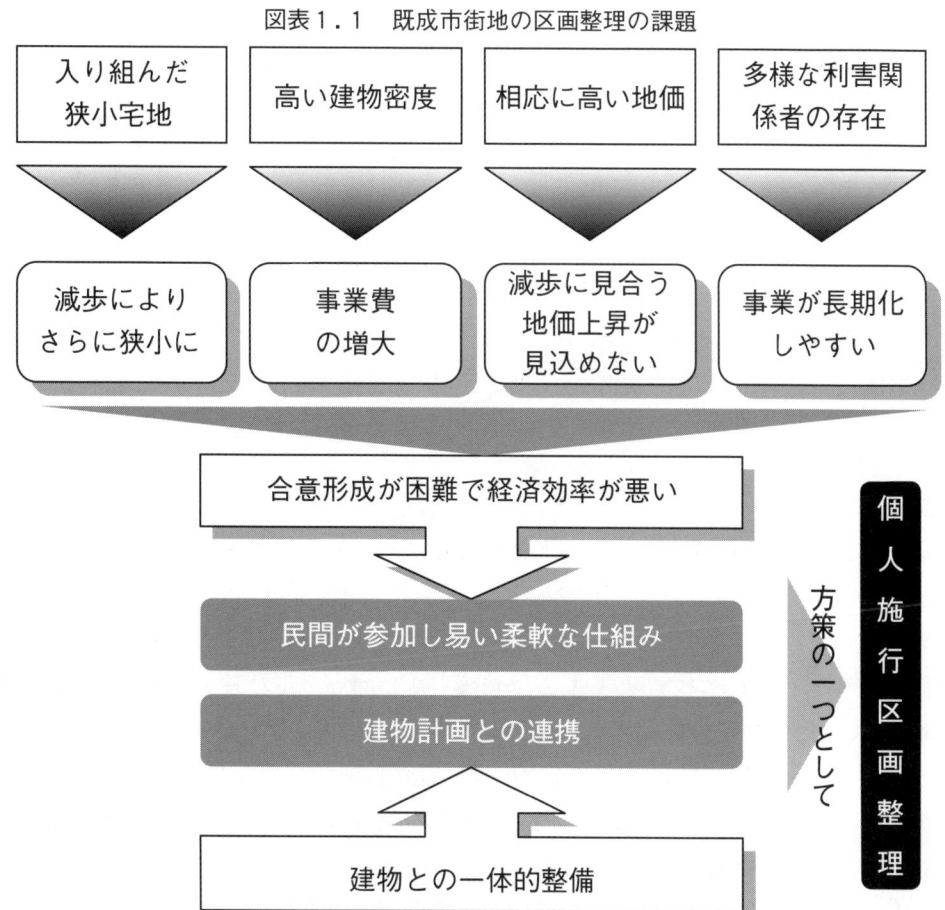

図表1.1　既成市街地の区画整理の課題

2．個人施行区画整理の特色

(1) 区画整理の施行者と個人施行の形態
1) 区画整理の施行者

区画整理というと公的な主体が施行するイメージが強いかもしれませんが、実は多様な主体が施行者になれます。

都道府県や市町村といった地方公共団体をはじめ、国土交通大臣、独立行政法人都市再生機構（平成16年以前の都市基盤整備公団および地域振興整備公団。以下、都市機構といいます。）、地方住宅供給公社のみならず、民間の土地所有者や借地権者（以下、地権者といいます。）が個人として、または組合や会社を設立して施行者になることもできます。

そして、区画整理は何平方メートル以上といった面積要件が法令で定められているわけではないので、どんなに小さな区域でも対象となり得ます。

図表1.2　区画整理の施行者

施行者主体による区分	概　　　　　要
個人施行	地権者または地権者の同意を得た者が、その土地について1人で、または数人共同して施行
組合施行	地権者が7人以上で土地区画整理組合を設立して施行
会社施行	地権者と民間事業者が共同で設立する株式会社（区画整理会社）が施行
公共団体施行	都道府県または市町村が施行
大臣施行	国土交通大臣が施行
機構・公社施行	都市機構または地方住宅供給公社が施行

2) 個人施行の形態

個人施行の区画整理は大きく、一人施行と呼ばれるものと共同施行と呼ばれるものに分かれます。

一人施行とは、その名のとおり1人の地権者（自然人に限らず法人地権者を含みます。）が権利を有する土地について、もしくは地権者から同意を得た者1人が当該地権者の土地について、区画整理を施行することをいいます。

一方、共同施行とは複数の地権者または地権者から同意を得た者が地権者と共同して、自分たちが権利を有する土地または同意を与えた地権者の土地について区画整理を施行するものです。区画整理組合が7人以上の地権者から設立できることから、共同施行は7人未満で施行するものと勘違いし易いのですが、実は人数の制限なく何人でも施行で

図表1.3　個人施行の形態

区　　分		施行者になり得る者	備　　考
個人施行	一人施行	地権者または 地権者の同意を得た者（同意施行者）	同意施行者が行う個人施行を同意施行という
	共同施行	地権者または 地権者の同意を得た者（同意施行者）	

(2) 個人施行の特質

1) 個人施行の意義

土地区画整理法は昭和29年に制定されましたが、個人施行の区画整理は、法制定の当初から位置づけられていました。このことは、地権者が組合や区画整理会社といった区画整理を施行するための法人格をあらためて得ることなく、自然人または地権者としての法人のままで自主的に区画整理を施行できることが法制定時から担保されていたことを示しています。

高度成長期においては、スプロール市街地の防止、宅地供給促進等を目的とした、大規模な公共団体施行や組合施行の区画整理が主流となり、個人施行はやや影の薄い存在でしたが、実は高度成長期はもちろん、その後においても着実に実施されてきています。

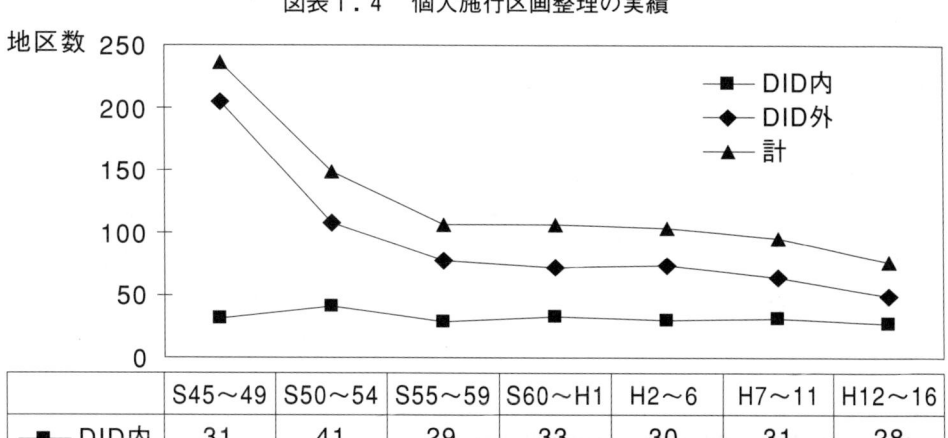

図表1.4　個人施行区画整理の実績

	S45〜49	S50〜54	S55〜59	S60〜H1	H2〜6	H7〜11	H12〜16
DID内	31	41	29	33	30	31	28
DID外	205	108	78	73	74	64	49
計	236	149	107	106	104	95	77

出典：平成17年度版　区画整理年報　（財）区画整理促進機構

昭和50年代になると、都心での個人施行の草分け的存在として広く知られている「有楽町駅前土地区画整理事業」が登場しました。この区画整理では、地区の中央を貫いていた特定区道を等面積で周辺道路の拡幅用地等に付け替え、減歩のない事業を実現しています。この結果、2つに分かれていた街区が1つに集約（スーパーブロック化）され、高容積の建物が建つ建築敷地が生まれました。そうしてできあがったのが、現在の有楽町マリオンです。

図表1.5　有楽町駅前土地区画整理事業と建物整備の様子

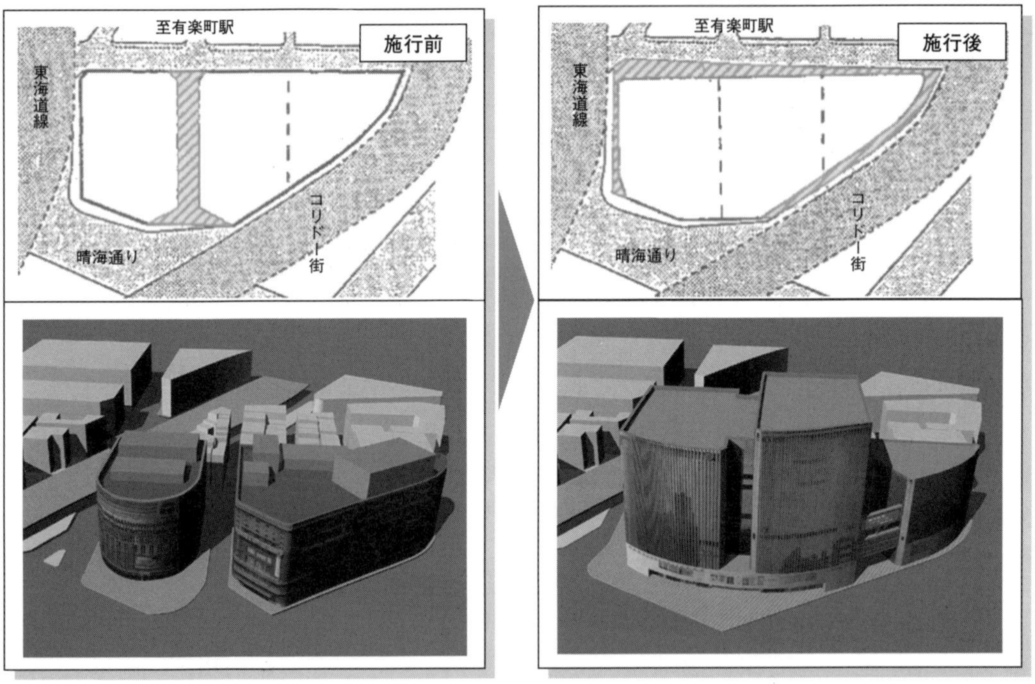

　この有楽町方式と一部で呼ばれた事業や、土地の有効高度利用を促進する街区高度利用推進事業＊などが契機となって、平成9年には敷地整序型土地区画整理事業が制度として導入されました。その後、都心地価の相対的割安感、都心居住政策の推進等を背景として、この考え方が反映された個人施行区画整理の事例が大都市都心部で徐々に増えてきました。

> **コラム：敷地整序型土地区画整理事業とは**
>
> 街なかで行う低未利用地に係る小規模な区画整理を敷地整序型土地区画整理事業と呼んでいます。

＊平成3年に創設された一般会計補助制度で、その後街区高度利用土地区画整理事業と名称を変え、平成11年より都市再生区画整理事業に引き継がれています。

もともとは、平成9年4月18日に当時の建設省都市局区画整理課長から出された「既成市街地の低未利用地に係る小規模な土地区画整理事業の技術的基準の運用方針について」で、はじめて紹介された区画整理事業ですが、現在もその考え方は「土地区画整理事業運用指針」（国土交通省）の中に引き継がれています。

その考え方とは、有効・高度利用が望まれる既成市街地にあって、一定の基盤整備がなされているにもかかわらず敷地の規模や形状等により低未利用となっている地区では、土地区画整理法第2条第1項に定める「公共施設の新設又は変更」について、区画道路の付け替えを伴うもの、土地の入れ替えに併せて道路の隅切りを行うもの、地区計画、総合設計による公共的空地等の整備と一体となった道路の舗装の打ち替えや植栽を伴うものを含むものとして、これらと同時に相互に入り込んだ少数の敷地を対象として換地手法により敷地を整序し、土地の利用増進を図る場合は、それを区画整理事業と認めるというものです。

これらの事例をみると、個人施行について以下のような視点で今日的な意義を見出すことができます。

視点①：開発許可制度とのすみわけ

建築物等を建築する目的で、公共施設の新設や改廃が伴う土地の入れ替えや、切土・盛土といった造成行為、あるいは農地等の宅地以外の土地を宅地とすることは、「区画形質の変更」にあたり、開発行為と呼ばれます。したがって、区画整理で行う区画形質の変更も開発行為の一つです。そして、開発行為には都市計画法上の許可を要する開発行為と市街地開発事業やその他の特定の法手続きに則った開発行為があり、区画整理に

図表1.6　開発行為と区画整理の関係

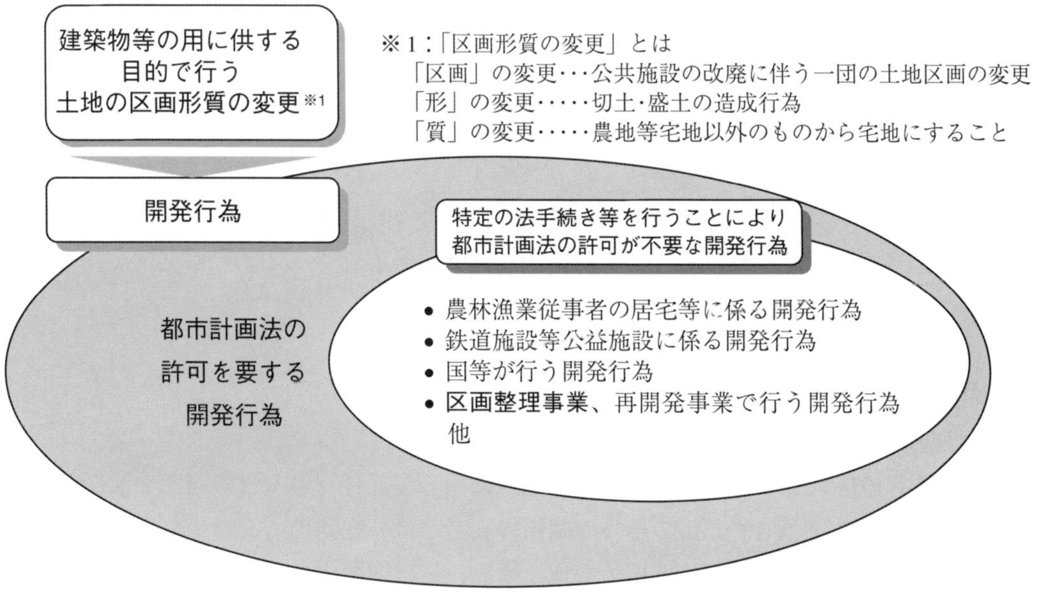

建築物等の用に供する目的で行う土地の区画形質の変更※1

※1：「区画形質の変更」とは
「区画」の変更…公共施設の改廃に伴う一団の土地区画の変更
「形」の変更……切土・盛土の造成行為
「質」の変更……農地等宅地以外のものから宅地にすること

開発行為

都市計画法の許可を要する開発行為

特定の法手続き等を行うことにより都市計画法の許可が不要な開発行為
- 農林漁業従事者の居宅等に係る開発行為
- 鉄道施設等公益施設に係る開発行為
- 国等が行う開発行為
- **区画整理事業、再開発事業で行う開発行為** 他

よる開発行為は後者に属します。

　前者の開発行為は、都市計画法に定めた開発許可制度に則って手続きが進められます。開発許可制度は、該当する件数が多いこともあって官民双方においてそのシステムが広く浸透しており、建築物の着工までのスケジュールをある程度予測することができます。その意味においては、許可を得るとはいえ手続きが比較的簡便なので、建築物と一体となった民間の都市開発事業ではしばしば活用されます。

　しかしながら、このような開発行為は、基本的には私的な任意の行為なので、行政協議などの場では「原因者負担」の原則から始まり、公共施設の新設・改廃等に対して時に厳しい指導がなされることもあります。また、複数の地権者がいても同意を得れば開発許可は受けられますが、異なる地権者間で土地の交換・分合等が伴う場合は、それらに対し課税されることもあります。

　一方、区画整理は土地区画整理法（以下、法といいます。）に定められた手続き等がやや煩雑で専門的知識を要する面もありますが、法定事業としての地位が確立しているので議会等でも理解を得やすいうえに、地権者間の土地の再配置に対して無税となったり非課税扱いになったりする優遇措置もあります。

　もちろん、これらは手法としてどちらが優れていて、どちらが劣っているという類のものではないので、地区の特性や実情に鑑みて使い分けがなされています。

視点②：組合施行・会社施行とのすみわけ

　建築物等と一体的な開発を行ううえで、当該地区が開発許可よりも区画整理の方が適しているとなったならば、今度はその施行主体をどうするかということが問題となります。

　前述のとおり民間の開発事業に活用する区画整理であれば、その主体になれるのは個人施行、組合施行、あるいは会社施行のいずれかですが、もちろんそれぞれに一長一短があります。したがって、選択するに当たっては地権者数、補助金導入の有無、換地上の土地活用の考え方、事業スケジュール、合意形成の見通し等を総合的に検討する必要があります（第2章2.(4)参照）。

　個人施行を実施した複数の地区をヒアリングしたところ、関係権利者を含めた全員の同意取得にある程度見込みがあったことが前提であるにせよ、借地権の申告や事業計画の縦覧を要しないなど施行認可の手続きが比較的簡易で、事業化までの期間を短縮できることを理由に、個人施行を選択した例が多数ありました。

2) 個人施行の特質

① 全員同意事業

　個人施行の区画整理の最大の特質は、宅地に係る関係権利者全員の同意を前提としている事業であることです。この場合の関係権利者とは、宅地の所有者や借地権者といった地権者はもちろんのこと、抵当権や地役権等、地区内の宅地に係る権利を有している

者をすべて含みますので注意が必要です。

これら関係権利者の同意の対象は、事業計画であり、仮換地の指定および換地計画です。したがって、事業計画に対してすべての関係権利者の同意を取得することが、施行認可の条件＊となりますし、換地計画の認可に対しても同様です。

これらの同意を取得するのは確かに大変な作業ではありますが、ひとたび100％の同意が取れれば、他の施行主体にありがちな関係権利者からの苦情、行政不服訴訟等のトラブルが発生することは通常考えにくく、事業の推進を妨げる要素が大幅に軽減されるので、事業スケジュールを予定どおりに進めることが可能となります。

② 同意施行制度

後で詳しく述べる同意施行制度があるのも、個人施行の特質です。

この制度によって、区画整理や土地活用の知識やノウハウがなかったり、資力が乏しかったりする一般の地権者でもこれらを有している民間デベロッパー等に施行に関する同意を与えることで、区画整理を実施することができます。この場合、同意を得る民間デベロッパー等は地区内の地権者であっても、まったく権利をもっていない第三者であっても構いません。また必ずしも地権者全員の同意を得る必要も無いので、後述するようにいろいろなパターンの同意施行が考えられます（本章２．(4)４）参照）。

同意施行制度は同意を与える一般地権者、同意を得る民間デベロッパー等、双方にメリットがある制度であるため、近年街なかで実施された個人施行ではこの制度を活用している地区の方が活用していない地区よりも多くなっています。

(3) 個人施行の特色

最近実施された個人施行をみると、以下に述べる「街なか」「建物計画先行」「小規模」「短期間」「低減歩率」といったキーワードで表される特色が浮かび上がってきます。

① 街なか

最近の個人施行の区画整理は、組合施行等と比べて街なかで実施される割合が高くなっています。これは近年街なかの土地需要が旺盛となってきている中で地権者が土地の有効利用を図るツールとして個人施行の区画整理を活用していることの現れだと考えられます。

② 建物計画先行

上記のように街なかで区画整理を実施する場合は、郊外のように区画を整理して、需

＊所有権または借地権以外の権利者については、その同意を得られないとき、またはその者を確知することができないときは、それらの理由を記載した書面を添えて、知事に認可申請書を提出することができます（法第８条第２項）。これらの適用は認可権者の判断によりますので、あらかじめ確認しておくとよいでしょう。

要があるまでそのまま放置しておくことなど考えられません。当初から土地活用を考えて、建物整備計画ありきで区画整理を施行します。

③ 小規模

街なかの個人地権者の土地活用を目的としていることから、規模も年々小さくなってきています。

街なかで実施された個人施行のここ10年間の平均地区面積は約2.7ヘクタールですが、最近5年に限ると約1.6ヘクタールとさらに小規模化が加速しています。

④ 短期間

事業期間についても同様な傾向にあり、街なかで実施された個人施行のここ10年間の認可後の事業期間は平均2.7年となっています。認可までの事業化期間については、正確なデータがありませんが、相応に短縮されているものと考えられます。

⑤ 低減歩率

街なかで行う個人施行の区画整理は、既に相応の基盤施設が整っている中で、個人の土地活用を基本として周辺の土地と入れ替えたり、集約したりするのに使われます。このため、減歩率は組合施行等に比べ大幅に少ない傾向にあり、ここ10年に実施された街なかの個人施行地区59地区のうち、減歩率3％未満の地区が10地区もあります。

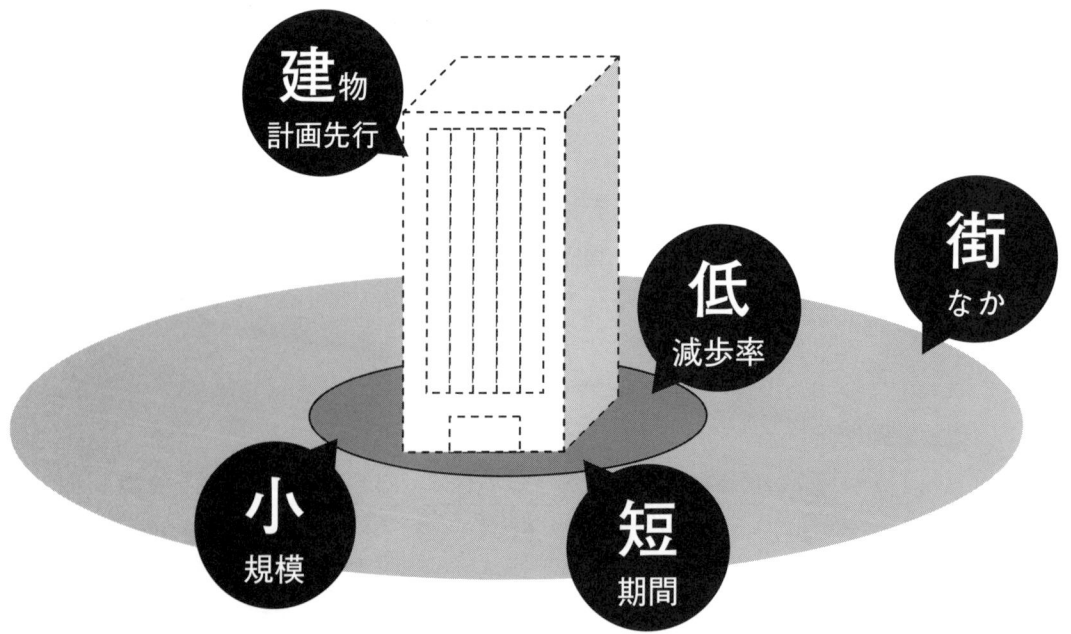

図表1.7　個人施行区画整理の5つの特色

第1章 個人施行区画整理の特徴とその実務 13

図表1.8 街なかの個人施行区画整理と組合施行区画整理の比較

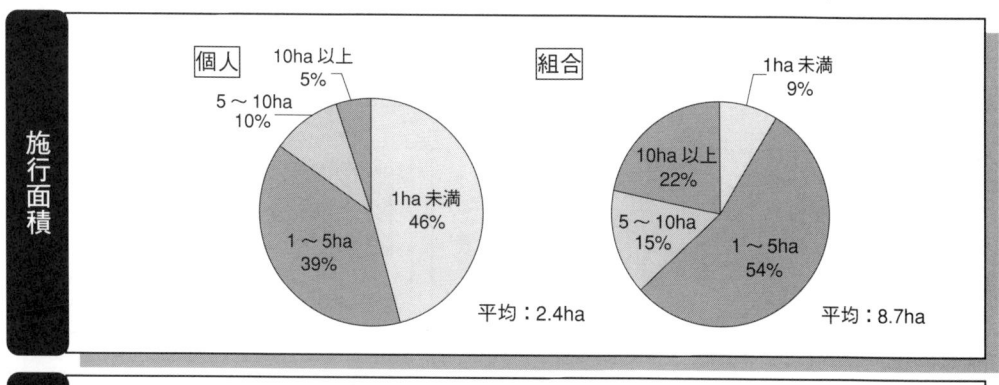
施行面積

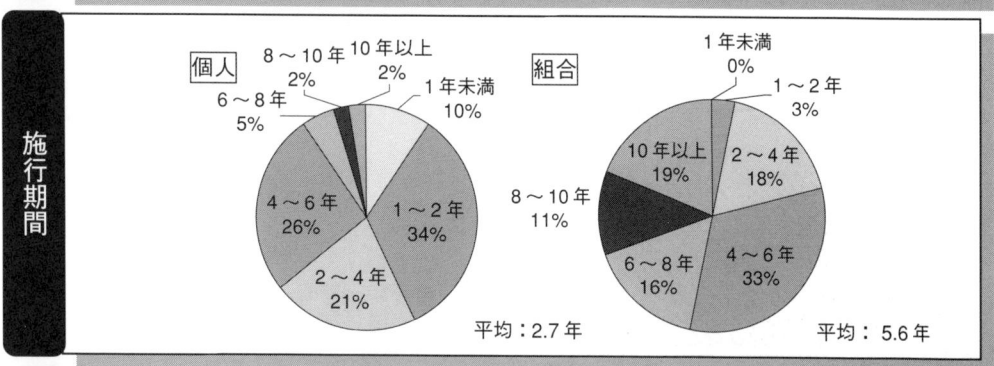
施行期間

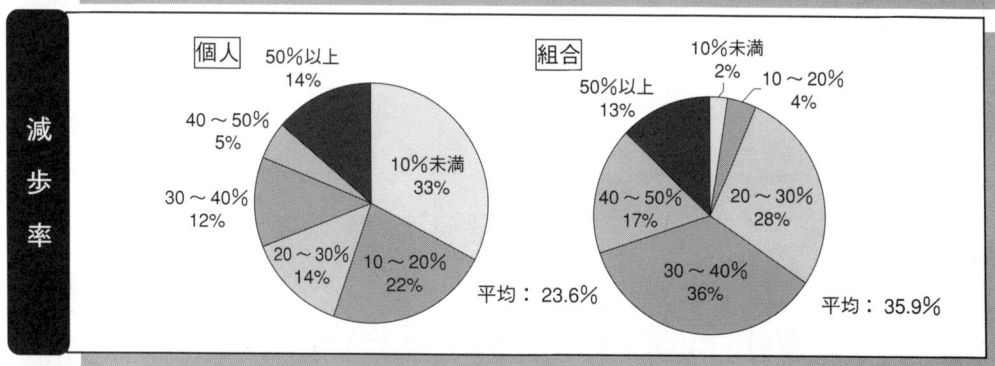
減歩率

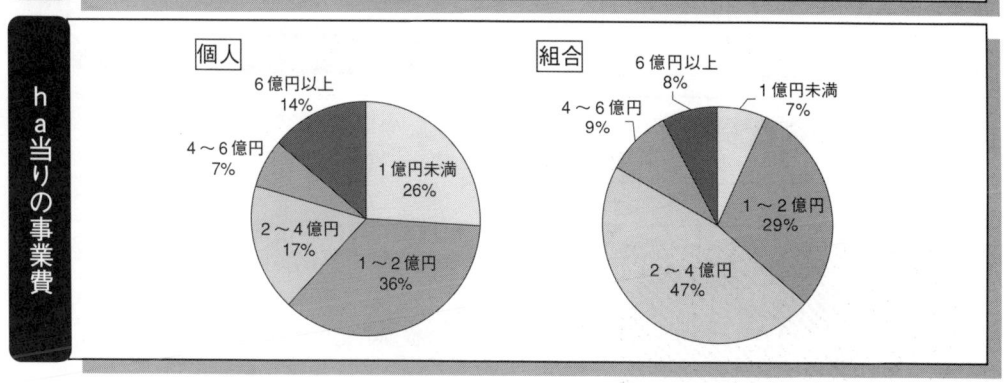
ha当りの事業費

※平成17年度版 区画整理年報 （財）区画整理促進機構 より
集計対象：平成7〜16年度認可地区
・個人： DID地区内個人施行： 59地区
・組合： DID地区内組合施行：338地区

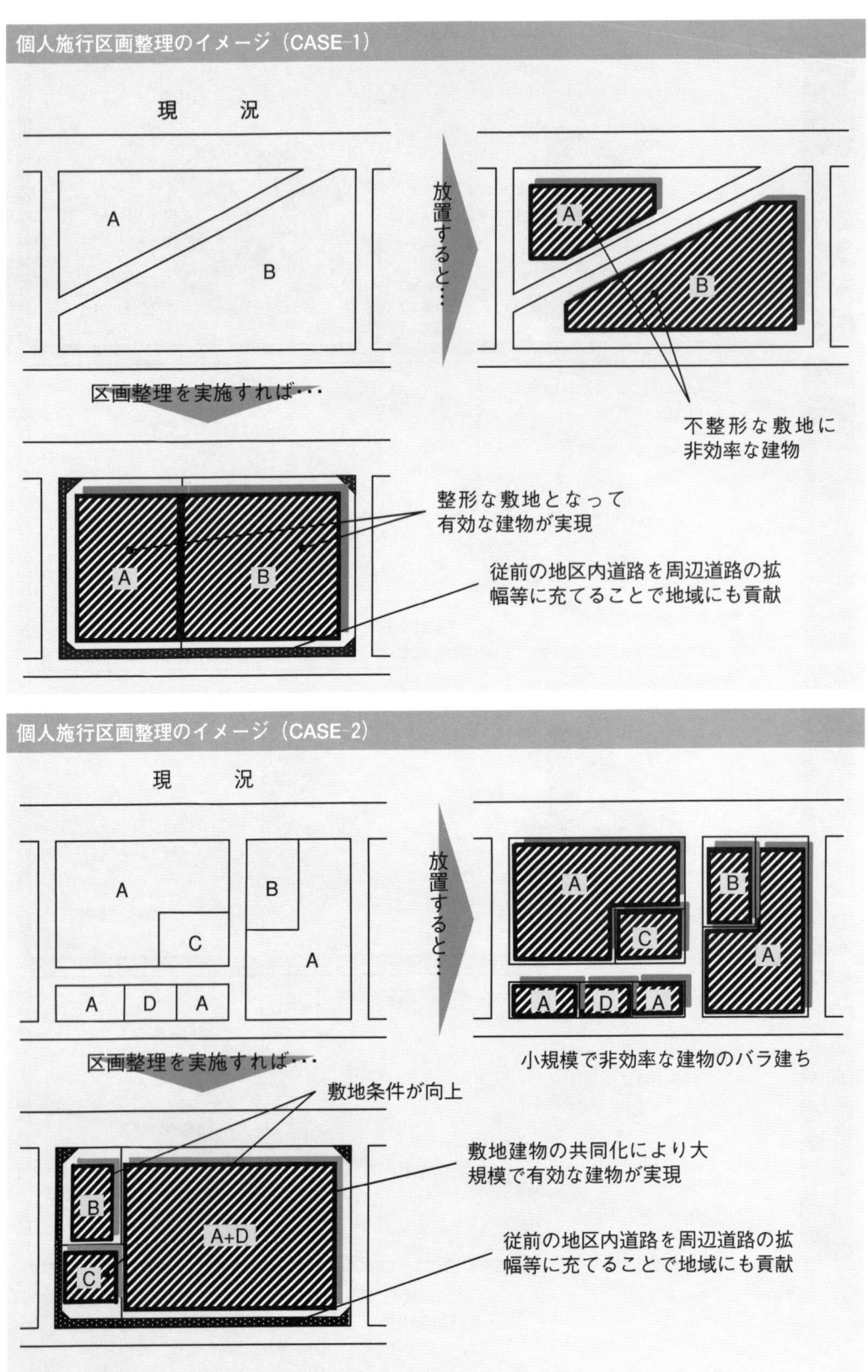

コラム：個人施行区画整理の課税特例

区画整理事業には事業遂行上の課税に関していくつかの減免措置が講じられています。

課税措置については多岐にわたる規定がありますので、ここでは、基本的な部分のみを紹介します。実際の事業化にあたってはあらかじめ税務当局等と十分に調整してください。

◇ 施行者に対する課税と減免措置

- 保留地の原始取得に係る不動産取得税の非課税

  保留地を設定した場合、換地処分により施行者が保留地を原始取得して一旦登記した後、保留地の処分（一般的には売却）を行えば処分対象者に移転登記がなされます。この場合、施行者に対する不動産取得税は非課税となります。

- 保留地処分への所得税課税について

  個人施行の区画整理事業の場合、保留地処分金は基本的に雑所得として所得税の対象となります。

  一般的に保留地は、事業の途中段階（現地の工事が完了した段階）で処分され、代金もその時点で施行者が受け取ることが多いのですが、税務当局ではその収入の時期は事業の終了認可時とみなしています。

  また、区画整理事業の事業費はその雑所得に対する必要経費として認められます。多年度にわたって支出される事業費を最終年度にまとめて必要経費として申告できます。そのため、事業費相当分のみの保留地設定であれば実質的には税金は発生しないことになります。

- 登録免許税の非課税

  区画整理事業の換地処分登記の申請に係る登録免許税は非課税です。施行者が保留地を原始取得する際の登記も換地処分登記の一部ですから非課税です。しかし、施行者から保留地の処分先への移転登記については通常の所有権移転登記と同様に登録免許税が課税されるので、注意が必要です。

◇ 地権者等に対する課税と減免措置

- 建物の移転補償金に対する控除

  区画整理事業の施行で建物の移転に係る補償金については、代替資産取得の特例または、譲渡所得額から5,000万円を控除する特例の適用があります（租税特別措置法第33条、33条の4、64条、64条の2、65条の2）。

- 交付清算金に対する課税の特例または5,000万円控除

　換地処分後に行われる清算で交付清算金を取得するときは、代替資産取得の特例（取得した清算金で代替資産を取得したときは、交付清算金に相当する従前地分は譲渡がなかったものとみなして譲渡所得について課税しない）か5,000万円の特別控除（交付清算金から5,000万円を特別に控除する（交付清算金が5,000万円に満たない場合はその清算金額までが対象））が適用となります（租税特別措置法第33条、33条の4、64条、64条の2、65条の2）。ただし、法第90条で地権者の申し出または同意により換地を不交付とした従前地分の交付清算金については、売買による譲渡と同様に扱われるため、これらの特例の対象とはなりませんので注意が必要です。

　なお、建物の移転補償金に対する控除および交付清算金に対する課税の特例または5,000万円の控除を受けるためには、施行者が発行する証明書を添付して、所轄の税務署長に届け出る必要があります。

- 土地の交換に対する課税の免除

　区画整理事業の換地処分は、税務上では従前地を譲渡して換地を取得したものとみなされています。換地処分については、以下のような課税の特例が設けられています。

・個人の場合

　区画整理事業の換地処分により、従前地の代わりに換地を取得した場合は、土地の譲渡による所得がなかったものとみなされます。

　ただし、換地処分後に土地（換地）の譲渡等があった場合の譲渡所得等の金額の計算にあたっては、従前地の取得時期が当該換地の取得時期とみなされ、従前地の取得価額のうち、換地に対応する部分の金額を換地の取得金額とみなされます（租税特別措置法第33条の6第1項）。

・法人の場合

　換地処分によって従前地を処分したものとして、換地の価額から従前地の換地処分直前の帳簿価額を控除した残額の範囲内で換地の帳簿価額を損金処理した場合は、その減額に相当する金額は当該事業年度の所得金額の計算上は損金に算入されます（租税特別措置法第65条第1項第3号）。

　ただし、換地と同時に交付清算金を取得した場合は、その帳簿価額は、清算金額分を控除した金額とされます。

・換地処分により換地を取得した場合の不動産取得税の非課税

　区画整理事業の換地処分で換地を取得したことに対する不動産取得税は非課税となっています（地方税法第73条の6第3項）。

- 仮換地指定後の固定資産税評価替え

　区画整理事業の施行に伴い、従前の土地と比較して換地の評価が上昇することで、固定

資産税の評価替えが実施されます。

　多くの自治体では、評価替えのタイミングは仮換地の使用が可能になった時点におかれていますが、仮換地指定時や換地処分時に行う自治体もあります。また変更後の固定資産税の課税額については各自治体の判断によります。固定資産税の評価替えについては事業に直接関係ないものの、地権者等にとっては重大な関心事ですので施行者に問い合わせされることも多くあります。また、評価替えの時期になったときに公共団体から施行者に対して従前地と仮換地の内容等について関連する情報の提供を求められることもありますので、事業化にあたっては、評価を変更するタイミングや提出が必要な資料等について事前に自治体の税務担当と協議しておくことが必要です。

● 用地の先行取得に対する譲渡所得税の軽減

　以下のような要件を満たした区画整理事業の施行のために地権者が土地を譲渡した場合、譲渡所得金額が1,500万円まで特別に控除されます（1,500万円に満たない場合は譲渡所得金額までです）。住民税の計算にあたっても、この特別控除の特例が適用されます。

【要件】
・地区規模：5 ha 以上
・造成された土地の分譲が公募によること
・住宅用地の1区画：170m^{2}以上（特別の事情でやむを得ない場合は150m^2）
・施行認可後から仮換地指定の効力発生日の前日までの譲渡
・平成10年1月1日から平成18年12月31日までの譲渡（期間が限定されていますが、これまではその都度更新されてきています。）

■ 個人施行区画整理事業と課税の関係

種別	項目(対象)	国税 所得税	国税 登録免許税	地方税 不動産取得税	地方税 固定資産税	消費税(含む地方消費税)
施行者	保留地の原始取得	−	非課税	非課税	非課税 事業期間内に限る→事業終了後は課税	−
施行者	保留地処分(売却)	売却益に対して課税 ・事業費支出分を必要経費として計上可能で、事業費相当分の保留地設定であれば実質非課税となる ・課税の時期は売却時期にかかわらず、事業の終了認可時	課税 負担は原則取得者	−	−	−
施行者	事業遂行		非課税 事業の施行に必要な登記に関する分のみ	−	課税 事業用の建物も対象	一部課税 【課税対象となる場合】 ・建築物等の除却に伴う損失補償を対価補償で行った場合 ・事務・工事等の委託の請負金額(消費税込みでの契約締結)
地権者	従前地に代わる換地取得(税務上は従前地を譲渡して換地を取得したという取り扱い)	非課税 従前地の譲渡について、交付清算金の対象となる部分以外は譲渡がなかったものとみなされる(法人は換地価額から従前地の換地処分直前の帳簿価額を控除した残額の範囲内で換地の帳簿価額を損金処理した場合にその減額に相当する金額が当該事業年度の所得金額の計算上は損金に算入)		非課税	課税 地方公共団体は仮換地の使用収益開始時期に整理前の状態から整理後の状態へ評価の変更が可能	
地権者	保留地取得	−	課税	課税	課税 保留地予定地の処分後に取得者にみなす課税の可能性がある(各自治体の判断による)	
地権者	補償費の取得	課税の特例 代替資産を取得した場合の課税の特例(取得した全額を代替資産の取得に使った場合は譲渡がなかったものとみなす)または5,000万円の特別控除の選択が可能	−	−	−	−
地権者	交付清算金の取得	課税の特例 代替資産を取得した場合の課税の特例(取得した全額を代替資産の取得に使った場合は譲渡がなかったものとみなす)または5,000万円の特別控除の選択が可能(換地不交付に係る清算金を除く)	−	−	−	−
地権者	用地の先行取得	課税の特例 以下の要件の地区で1,500万円の特別控除 【要件】 ・地区規模:5ha以上 ・造成された土地の分譲が公募によること ・住宅用地の1区画:170m²以上(特別の事情でやむを得ない場合は150m²) ・施行認可後から仮換地指定の効力発生日の前日までの譲渡 ・平成10年1月1日～平成18年12月31日までの譲渡(これまではその都度更新)	−	−	−	−

(4) 同意施行

1) 同意施行制度の意義

　個人施行の区画整理では、地権者でなくても地権者の同意を得ることにより、区画整理の施行者になることができます。同意施行制度、もしくは第三者施行制度と呼ばれるものです。

　この制度は昭和63年の法改正で創設された制度ですが、これに近いことはそれ以前にも行われていました。たとえば、数人の地権者のうち最も多くの開発利益を享受するであろう1人の地権者が、資金を調達し、各種手続きを行うことによって事業を主導し、他の地権者はそのことを承諾する代わりに、相応の開発利益を得ていたようなケースです。

　しかしながら、このように地権者の中に十分な資金調達能力のある者がいる場合ばかりとは限りません。ましてや、区画整理の実務に関して詳しい地権者がいることはごく稀ではないでしょうか。

　そうした時には地権者以外で区画整理を実施する技術的能力を有し、かつ十分な資力を持ち、信用するに足りる者に委ねて施行させたくなるでしょう。それを法的に可能にしたのがこの制度です。

　もちろん、地権者の中にそうした条件に合致する者がいる場合にも適用できます。すなわち、施行の同意を与える者は当然地権者である必要がありますが、同意を得る者は地権者であってもなくても構いません。

2) 同意施行のメリット

　同意施行のメリットを、同意を与える地権者の立場からと同意を得る同意施行者の立場から、それぞれ整理すると、図表1.9のようになります。

図表1.9　同意施行のメリット

地権者のメリット	同意施行者のメリット
・区画整理のノウハウや資金力がなくても事業を実施できる ・実務に関する手間・暇が負担にならない ・事業期間中の社会経済情勢の変化に伴うリスクを軽減できる ・法に基づき同意施行者は認可権者の監督を受けるので、組合施行の業務代行方式より安心 ・区画整理のみならず、施行後の土地活用についても同意施行者のノウハウや資金力を生かすことが可能	・当該地区に権利がなくても施行者として法的な権能を得て、工事施行、換地処分、建物移転等を自ら執行できる ・施行者として認可権者の技術的援助を直接受けつつ、関係機関との協議等を行うことができ、組合施行の業務代行方式より立場が明確 ・施行後の土地活用（建物事業への参画）を睨みながら、当初から事業に参加できる

特に、当初から施行後の土地活用を一緒になって考えながら敷地を整序する場合などは、双方にとって大きなメリットがあるばかりか、地域の街づくりにとっても大変効果があります。

3） 同意施行者となり得る者

　同意施行者には、区画整理事業を施行する権能そのもの——すなわち地権者の大事な資産である土地に対し工事を施行したり換地処分したりする権能——が委ねられます。

　このため、その区画整理事業を途中で投げ出すような同意施行者では困りますし、万が一にも地権者の権利を侵したり、自らの利益ばかりを誘導したりするような同意施行者であってはなりません。

　こうしたことから、同意施行者には誰でもがなれるわけではなく、法では都市機構、地方住宅供給公社その他区画整理事業を施行するために必要な資力、信用および技術的能力を有する者で、政令で定めるものと限定しています（法第3条第1項）。

　この「政令で定めるもの」とは、土地区画整理法施行令（以下、施行令といいます。）第67条の2で地方公共団体、日本勤労者住宅協会のほか、区画整理事業を施行するため必要な資力、信用および技術的能力を有する者で、地方公共団体の出資または拠出に係る法人、または宅地を造成して賃貸・分譲する事業を行う法人と規定しています。

　つまり、都市機構、地方住宅供給公社、地方公共団体等の公的な主体であればもちろん、その地区に権利を持っていない第三セクターや民間デベロッパーであっても事業を施行するに足りる十分な資力、信用、技術的能力を備えていれば、地権者から同意を得ることで区画整理を施行することが可能となります。

　換言すると、都市機構等の公的な主体は、もとより十分な資力、信用、技術的能力を持っているので、あらためてこれらを問う必要はありませんが、民間デベロッパー等については、いくら地権者から同意を得たとしても、資金力やノウハウを持ち、実質的に事業をリードしていくことができる者でなければ同意施行者となり得ないということになります。

　ここでいう資力、信用、技術的能力とはそれぞれ、区画整理の事業費の相当部分を負担し得ること、地権者の保護と公共施設の整備が確実に遂行されること、区画整理事業またはこれに類似した宅地開発事業などに経験と実績を有することと解され、特に民間デベロッパーについて施行認可の際の具体的なチェックポイントとしては、次の事項となります。

・宅地建物取引業法の免許を有しているか、違反歴が無いか
・当該認可申請の規模・内容が、宅地開発や業務代行に係る組合区画整理の実績等と比べて遜色ないか
・相当程度の資本金、自己資本等を有し、予定事業費の相当部分について自己資本また

は金融機関からの融資等により手当てできると見込まれるか
・土地区画整理士等、事業の円滑な実施に有用な技術者が在籍しているか

なお、街なかで行われている小規模な地区の同意施行の実績を見ると、民間デベロッパーによるものが圧倒的に多くなっていますが、事業の財源として補助金を見込む場合は、公的主体による同意施行であることが補助採択の要件となりますので、注意が必要です。

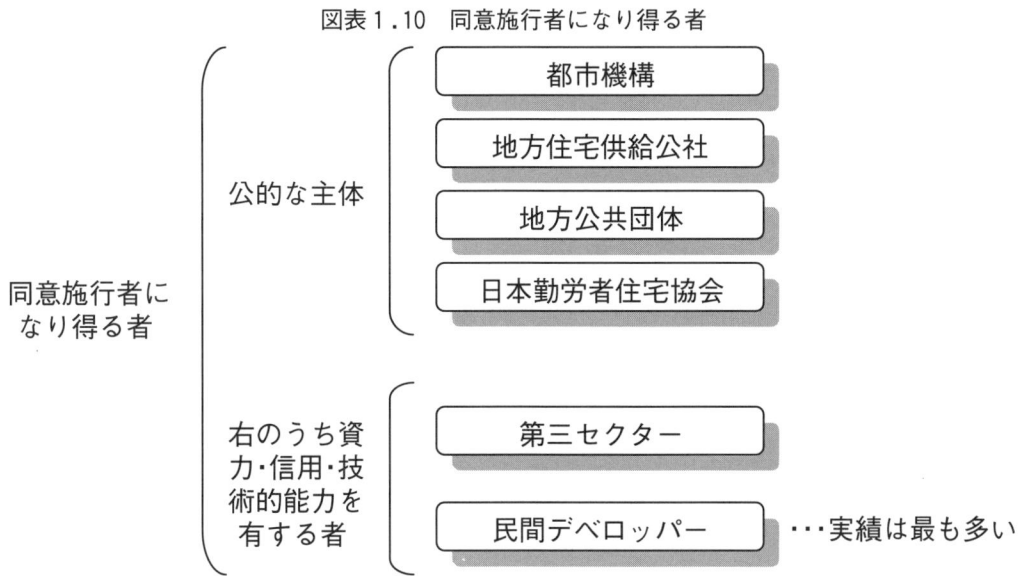

図表1.10　同意施行者になり得る者

4) 同意施行の類型

　同意施行には、同意施行者1人が施行するのか、それとも同意施行者と地権者が共同で施行するのか、また同意を得る者が地区内の地権者なのか、そうでないかによって、次の6つのパターンが考えられます。

① 非地権者の同意一人施行

　同意施行のパターンとして最も想定しやすいのは、地権者全員（右の図でいえばA, B, C, D）が地区内の地権者ではない者（X）に対して同意を与えるものです。この場合、Xは施行者として、認可権者の監督のもとに1人で事業を施行します。

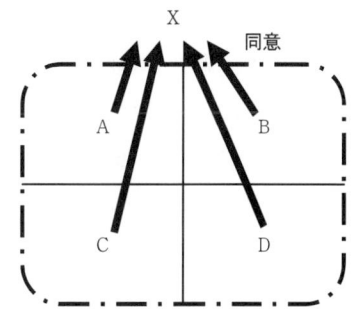

② 地権者内の同意一人施行

次に考えられるのは、1人の地権者（右の図でいえばA）に対して、残りの地権者（B, C, D）全員が同意を与えるパターンです。もともと地権者Aの開発意欲が旺盛で、隣接しているB, C, Dの土地を含めて敷地を整序することで、より有効な土地利用が見込める場合などによく見られます。

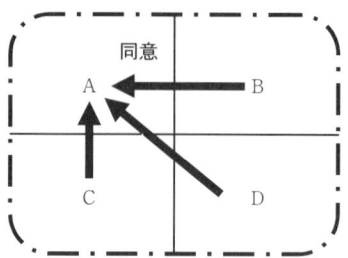

③ 非地権者との同意共同施行

以上の二つが同意施行の典型的なパターンですが、可能性としては、たとえば一部の地権者（右の図でいえばA）のみから同意を得た非地権者（X）が、他の地権者（B, C, D）と共同して事業を施行するパターンも考えられます。XがAの換地の有効利用をともに図ろうとする場合などに考えられるパターンです。

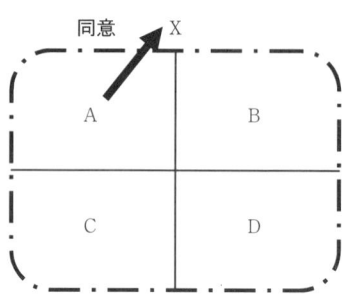

④ 地権者内の同意共同施行

同様に、地区内の地権者に同意を与える場合であっても、一部の地権者（右の図でいえばB）のみが1人の地権者（A）に同意を与えるにとどまり、他の地権者（C, D）は与えないというパターンもあるでしょう。この場合は、A, C, Dが共同で事業を施行することになります。

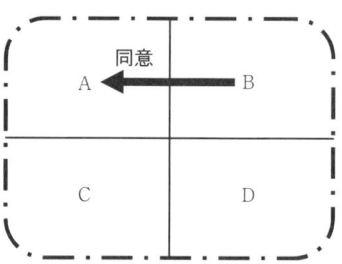

⑤ 地権者と非地権者の同意共同施行（その1）

さらには、一部の地権者（右の図でいえばB）が非地権者（X）に同意を与え、残りの地権者（C, D）は地区内の地権者（A）に同意を与えるパターンもありえます。この場合は、地権者であるAと非地権者のXが共同施行をすることになります。

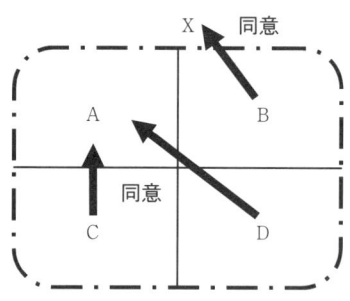

⑥ 地権者と非地権者の同意共同施行（その2）

さらにこの派生型として、一部の地権者（右の図でいえばB）が非地権者（X）に同意を与え、別の一部の地権者（C）は地区内の地権者（A）に同意を与えるものの、残りの地権者（D）は誰にも同意を与えないというパターンも考えられます。この場合は、AとDとXで共同施行します。

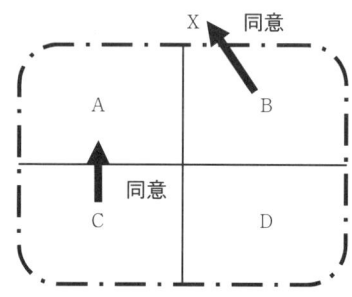

なお、いずれのパターンであっても保留地を設定する場合は、施行者となった者（①であればX、②ならばA、③ならB, C, D, X、④ではA, C, D、⑤の場合はAとX、⑥であればA, D, X）が保留地を取得することになります。

5） 地権者の保護

　同意施行制度は、区画整理の実務に疎かったり資金力がなかったりする一般の地権者にとっては大変都合の良い制度ですが、それでも地権者にしてみれば、いったん同意を与えたら自分たちの意向を無視して事業を推し進められるのではないか、あるいは社会経済情勢の変化によっては途中で事業を放棄されるのではないかなどということも気になることでしょう。

　まず、自分たち地権者の意向が適切に反映されるのかといった心配についてですが、ここで地権者が同意を与えるのは、あくまでも自分たちに代わって事業を施行することに対してのみなのです。したがって、同意施行者は当然、施行者として施行認可申請時には事業計画について地権者の同意をあらためて得なければなりませんし、認可後事業計画を変更しようとする場合も同様です。さらに仮換地の指定や換地処分の前提となる換地計画についても、施行者は地権者の同意が必要なので、これらの手続きを通して、地権者は同意施行者に自分たちの意向を反映させることが可能なのです。

　もっとも、施行することに対して同意を与えるといっても、施行する内容が分からなくては地権者も同意しようがないということもあるでしょう。そうした場合には、同意施行とすることを前提に民事上の契約に基づいて、民間デベロッパー等に調査・設計や関係機関協議等を進めさせ、事業計画が固まった段階で、その事業計画にもとづいて施行することに同意を与える——つまり、事業計画に対する同意と施行に対する同意を同時に与えるというやり方もあります。

　また、中途での事業放棄に対する危惧については、同意施行者といえども個人施行による事業を廃止するためには、都道府県知事等の認可が必要なので、勝手に事業を投げ出すことは許されません。仮に、同意施行者が廃止認可手続きをしないまま棚晒しにしておくなど、事実上放棄しているようなこととなっても、地権者の土地や権利が同意施行者やその他の第三者に渡ることは有り得ません。

　万が一、認可後同意施行者が不誠実な対応を繰り返したり、半ば放棄するような形で事業を進める姿勢が見られなかったりするような場合には、都道府県知事や市町村長にその旨を訴えるとよいでしょう。都道府県知事や市町村長は、施行者に対して報告や資料の提出を求めたり、事業の促進を図るために勧告したりできるからです。あるいは都道府県知事は、監督上必要がある場合において、事業または会計の状況を検査して、施行者に対し必要な措置を命ずることができますし、施行者が命令に従わない場合は、施行認可を取り消すこともできるのです。

　このように、地権者の権利は基本的に法令によって保護されますが、地権者と同意施

行者は、事業施行に対する対価の取り決めなどについて民事上の契約を別途結ぶことと考えられるので、その中で違約条項を定めることも可能でしょう。

図表1.11　同意施行者に与える同意書の例

```
                                              平成　　年　　月　　日
                     同　　意　　書

  私が所有権または借地権を有する下記の土地を○○土地区画整理事業の施行地区に編入し、○○○○株
式会社が土地区画整理事業を施行することに同意します。


  ○○○○株式会社　殿

                              住所
                              氏名　　　　　　　　　　　㊞


                          記
```

番号	町　名	地　番	地目	地積 (m²)	権利の種別	備　考
計		筆				

（注）法人の場合は代表権を有する者が署名し捺印する。

以上

6) 同意施行の保留地の取り扱い

　同意施行制度を活用する場合であっても、同意施行者に対し事業施行の対価として保留地を充てることも考えられます。この場合、保留地は換地処分後いったん施行者の土地として登記されるので、個人施行の区画整理では同意施行者の有無にかかわらず、次の式で表される持分によって共有することになります。

$$\text{保留地の共有持分割合} = \frac{\text{自己の有する（もしくは同意を得た）宅地または借地権の権利価額}}{\text{施行前の宅地または借地権の権利価額の合計}}$$

　このとき、同意施行者に同意を与えた地権者は施行者となり得ないので、保留地の共

有持分を取得することはできません。

よって、地権者による一人施行の場合はもちろん、すべての地権者から同意を取得した同意施行者が1人で施行する場合にも100％の持分となり、単独所有することになります。

なお、換地処分により取得する保留地の保存登記を申請する際には、登記申請書に次の事項を記載した都道府県知事の証明書を添付する必要があります。

① 同意施行者の有無
② 施行前のすべての宅地または借地権の権利価額の合計額のうち、同意施行者が有する（もしくは同意を得た）宅地または借地権の権利価額の合計額の占める割合

図表1.12　保留地登記証明書の例

個人施行者保留地登記証明書

土地区画整理法第3条第1項の規定による○○○○○土地区画整理事業について下記のとおりであることを証する。

　　　　　　　　　　　　　　　　　　　平成　　年　　月　　日
　　　　　　　　　　　　　　　　　　　都道府県知事　　　　　㊞

1　同意施行者の有無

2　土地区画整理事業の施行前の当該土地区画整理事業の施行地区内のすべての宅地または地権者の価額の合計額のうちに同意施行者が有する宅地または借地権の価額の合計額の占める割合

（権利価額明細）

氏名または名称	従前の権利価額		
	自ら有する権利	同意を得た権利	計
同意施行者			
小計			
その他の施行者			
小計			
合計			

3．個人施行区画整理の実務

(1) 実務の構成

　個人施行の区画整理では規約（一人施行では規準）、諸規定、事業計画を定めますが、これらは一般の企業における定款であり、社則であり、事業計画にあたります。そして、企業には定款や事業計画に定められた事業の内容を遂行する本業部門と、それをサポートする一般管理部門、企業の足元を固め将来を方向付ける経営管理部門等があるように、区画整理事業の実務においても、事業本来の目的を遂行する業務と、事業を運営していくうえで必要な管理的な業務、それから事業を経営するというマネージメント的な業務の3つに大別されます。

　区画整理の本来的業務としては、換地計画案の作成や換地処分等に係る換地関係業務、測量や設計に係る調査設計業務、工事の実施や工事管理に係る工事関係業務、建物や工作物の移転・移設およびそれに伴う補償等の移転・補償関係業務があります。

　また、管理的業務としては、文書の収受や会議等の通知などの一般的な事務処理を行う庶務業務、日常的な経費のながれを記録し管理する経理業務等があります。

　経営的業務には、収支予算決算業務、資金調達業務、事業計画作成変更業務、保留地処分業務等があげられます。

　そして、これら一つひとつの業務を遂行する際には、まずその仕事を企画し、実現の可能性を判断して構想・計画・対策等にまとめ起案します。そして、実績や経験、当初の計画や法令その他のルールに照らして適切か否かを点検し、関係者の意見や情報を収集したうえで正しい決定や承認を導くために調整することも必要です。

　次に、その仕事を実施することが事業として必要かどうかを正式に決定し、それを実施に移すことの承認を得ます。そして、承認された仕事を与えられた条件の下で実施し、その経過や結果について報告します。場合によっては新たな計画や対策を起案することも必要となり、以上のサイクルを再度回すことになります。

　つまり、本来的業務、管理的業務、経営的業務を横糸として見立てた時に、起案・点検・調整、決定・承認、実施・報告といった縦糸を通して、一枚の布を織りなすことが区画整理事業の実務といえるでしょう。この布は世界で一枚だけの一品生産です。やり直しはききませんから各業務とも慎重に、なおかつ時間的制約もあるので効率的に織り上げる必要があります。

図表1.13　個人施行区画整理の業務構成

本来的業務	会議運営業務
	各種契約締結業務
	換地関係業務
	調査設計・工事関係業務
	移転・補償関係業務
管理的業務	接遇業務
	庶務業務
	経理業務
	従前地分筆業務
	法第76条申請処理業務
	台帳補正業務
経営的業務	資金調達業務
	収支予決算業務
	事業計画作成変更業務
	保留地処分業務

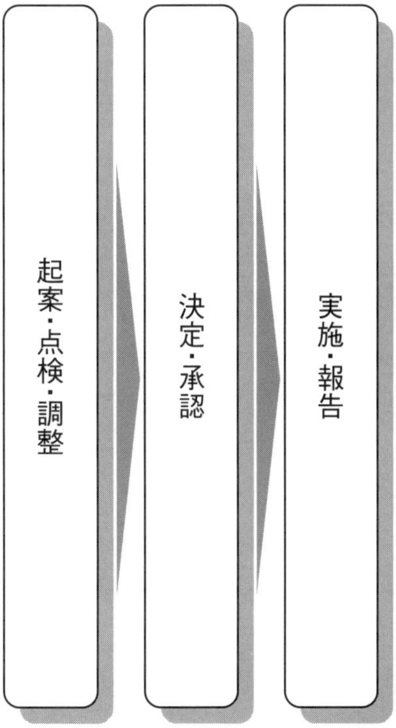

起案・点検・調整　→　決定・承認　→　実施・報告

(2) 事業のながれ

個人施行の区画整理は大きく、

- 準備段階：事業を発起し、その準備を始めて、施行認可を得て公告がなされるまでの段階
- 実施段階：仮換地を指定した後、公共施設整備に係る工事を実施し、換地計画の認可を得て、換地処分し、登記・清算する段階

に分けられます（図表1.14参照）。

準備段階では、まず1人または数人が土地活用を志向する中で区画整理という手法を選択し、測量や各種調査を行ったうえで土地活用の目的である建築物の計画と調整しつつ、事業計画案等を作成します。さらに、関係機関との協議を経て、その結果を事業計画に反映させていきますが、通常の区画整理と異なるのはこの期間に換地設計まで行って、その換地上に建つ建築物の設計と十分な連携を図りながら事業計画を固めていくことです。つまり、個人施行の区画整理では土地活用を念頭に行うので、換地上の建築物の実現を最優先して、区画整理事業を進める必要があるのです。その固めた事業計画に対して取得した関係権利者（宅地に係る権利を有する者で抵当権者等を含む）全員の同意書を添付して区画整理事業の施行認可を申請すれば、他の施行主体による区画整理とは異なり、事業計画を縦覧に供することなく施行認可・公告の運びとなります。

図表1.14　個人施行区画整理の主ななながれ

準備段階
- 土地活用の発意
- 調査・計画の実施
- 規準・規約案および事業計画案の作成 ／ 建築計画との調整
- 換地設計 ／ 事業計画等の事前協議 ／ 建築設計との調整
- 関係権利者等の同意取得

実施段階
- 施行認可申請・認可・公告
- 仮換地の指定
- 従前建物等の移転・除却
- 工事の施行
- 出来形確認測量
- 換地計画案の作成
- 換地計画に関する関係権利者の同意取得
- 換地計画認可申請・認可
- 換地処分通知・公告
- 換地処分登記の申請 ／ 清算の実施
- 終了認可申請・認可

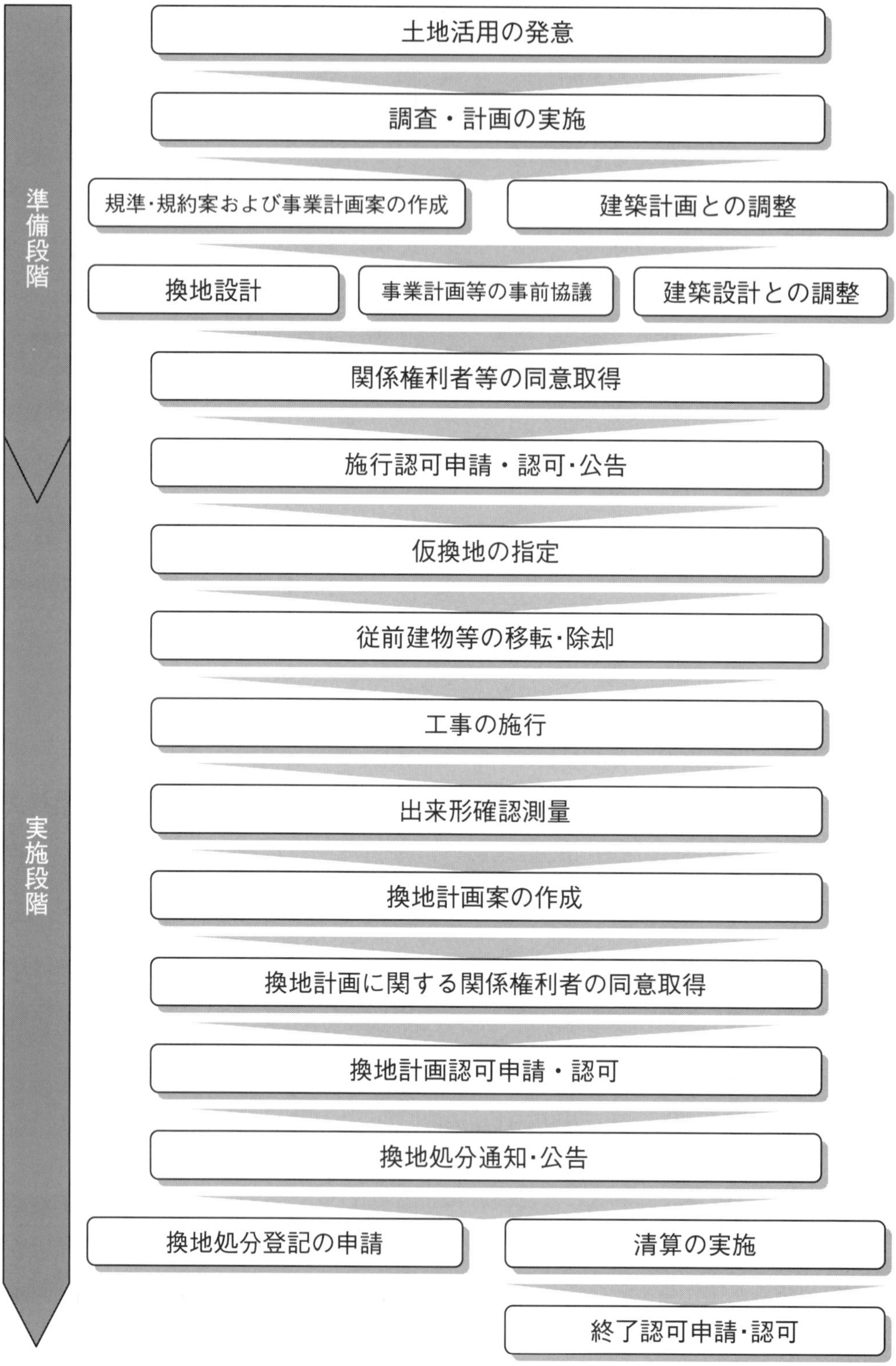

※　別途、都市計画決定手続きが必要な場合もあります。

実施段階では、まず既に行っておいた換地設計に基づいて仮換地を指定し、換地上に建てる建築物の敷地を確定します。これにより、建築確認申請等の建築物に係る手続きを進めることができるようになりますので、その手続きの間に必要に応じて従前建物を移転・除却し、整地等の区画整理上の工事を進めます。公共施設については先行して整備すると、建築工事の際に破損してしまうことも多いので、建築工事と十分に調整して適切な時期に行います。

　区画整理に係るすべての工事が完了したら出来形確認測量を行い、その成果と先に行った換地設計をもとに換地計画を作成します。換地計画に対して関係権利者全員の同意を取得し申請すれば、事業計画のときと同様に個人施行の区画整理では縦覧に供することなく、認可を受けられます。

　そして、認可された換地計画に定められた関係事項を関係者に通知する換地処分を行うことで、事業はクライマックスを迎えます。従前地に関する権利が換地上に移行して名実ともに権利が確定するのです。

　その後、施行者は直ちにその旨を登記所に届け出て、事業に伴い変動した関係登記を申請または嘱託します。一方、従前地の権利価額と換地の権利価額との差額である清算金は換地処分の翌日に確定するので、その徴収または交付の事務が終了すれば、終了認可を申請し事業は終結を見ます。

(3) 業務の進め方

　以上のように個人施行といえども、区画整理事業を実施するには多岐にわたる実務内容があり、それを事業のながれの中で適宜適切に遂行していく必要があります。

　一般の地権者でも行政の技術的援助を求めながら事業を進めていくことは、決して不可能ではありませんが、個人施行の区画整理を活用するプロジェクトではスピードを何よりも重視することが多いので、専門的技術を有するコンサルタントに事務局を委託することが有効です。コンサルタントを選ぶポイントは、経験や実績が豊富であることや法令や判例を熟知していることももちろんですが、個人施行の場合はこれまで述べてきたとおり建築計画との調整能力がより重要になることに留意しておく必要があります。

　そのようにして事務局を専門コンサルタントに委託したとしても、施行者としての意思を決定したり、事務局の提案を承認したりするのは、当然のことながら地権者自身であることを忘れてはなりません。

　また、事務局のみならず、先述した同意施行制度を活用して、事業そのものの施行を民間デベロッパー等に任せることも一つの方法です。この場合は、換地上に建てる建築物を含めた資金調達面やそのリーシング等を含めて総合的にプロジェクトを委ねることになるので、地権者の負担は大幅に軽減されますが、それだけに契約行為の中で自己の利益の確保等について、慎重な対応が必要となることは言うまでもありません。

第2章

事業開始の準備

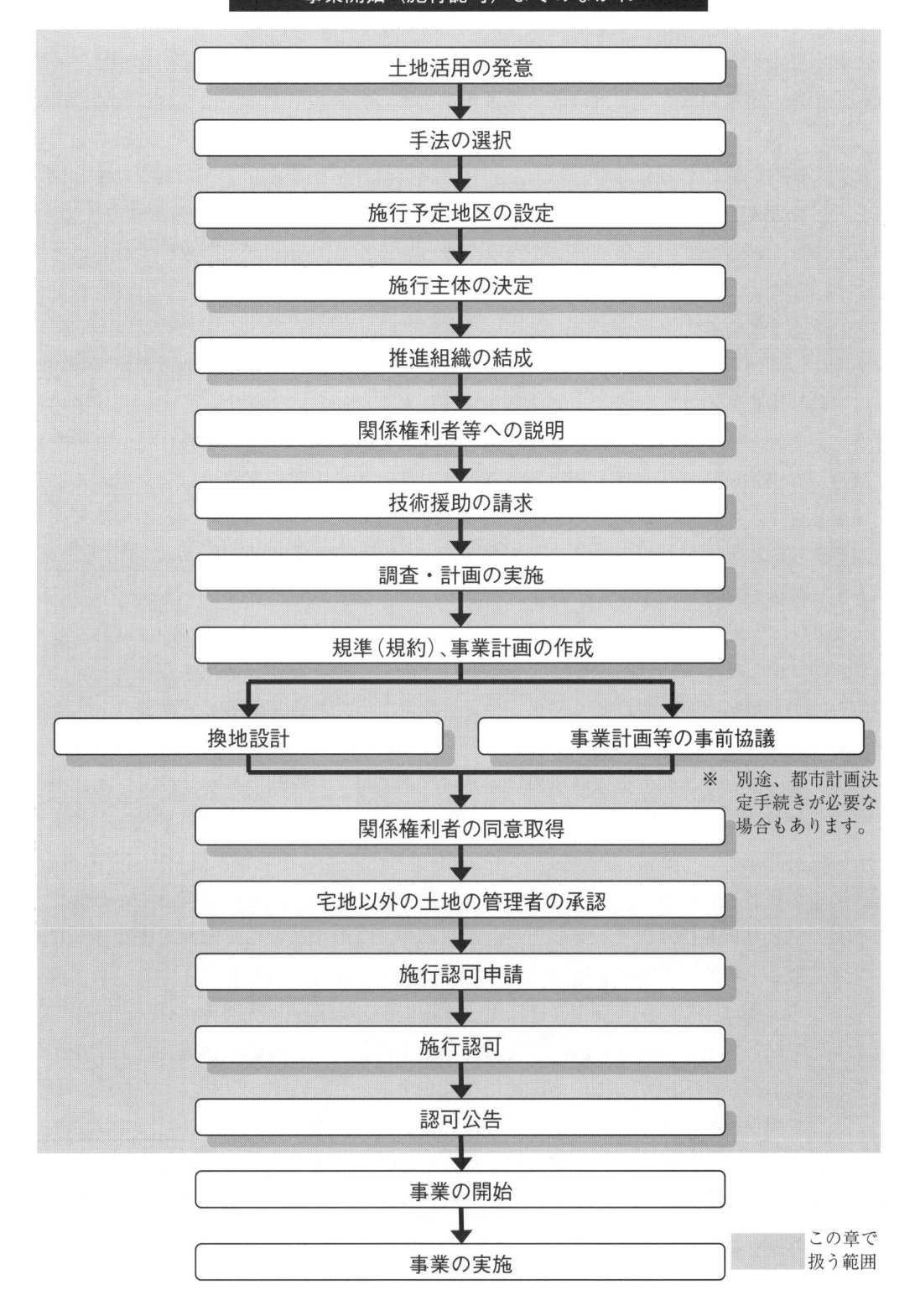

事業開始（施行認可）までのながれ

```
土地活用の発意
   ↓
手法の選択
   ↓
施行予定地区の設定
   ↓
施行主体の決定
   ↓
推進組織の結成
   ↓
関係権利者等への説明
   ↓
技術援助の請求
   ↓
調査・計画の実施
   ↓
規準（規約）、事業計画の作成
   ↓                  ↓
換地設計        事業計画等の事前協議
   ↓
関係権利者の同意取得
   ↓
宅地以外の土地の管理者の承認
   ↓
施行認可申請
   ↓
施行認可
   ↓
認可公告
   ↓
事業の開始
   ↓
事業の実施
```

※ 別途、都市計画決定手続きが必要な場合もあります。

この章で扱う範囲

1. 施行認可までのながれ

　この章では個人施行の区画整理の事業化までのながれを説明しますが、街なかでごく普通の地権者（宅地の所有者または借地権者）が土地の有効利用を考える場合に、隣近所といくら仲が良くても、あるいはその地区特有の問題を抱えていて、それが一地権者の力では解決しがたいものだとしても、いきなり皆で区画整理をやりましょうとはなりません。むしろ、ほとんどの人にとって区画整理というと、「減歩される」とか、「合意形成が大変」、あるいは「手続きが面倒」、「時間がかかる」等といったネガティブな印象を受けることでしょう。したがって、結果として区画整理という手法を選択するにしてもそれは比較的後の方になります。

　実際に個人施行の区画整理を行った地区を見てみても、最初は1人の地権者が自分の土地の有効利用を図ろうとして、まず単なる建築行為を計画しています。しかし、接道の状況などから、どうも思うような建築物が建たず、有効に利用できない場合には、やむを得ず隣近所の土地と集約したり入れ替えてみたり、あるいは道路などを付け替えてみることを検討します。すると、敷地条件が格段に向上して有効に土地利用でき、しかも隣近所や道路管理者等にとっても相応のメリットが生じることがままあります。このようなときに、個人施行の区画整理を活用していることが比較的多く見受けられます。

　つまり、こうした地権者にとって区画整理を行うことは手段であって目的ではありません。目的はあくまでも、建築物を建てることによって土地を有効に活用することです。このあたりが宅地供給を主眼として従来郊外で行われてきた組合施行等の区画整理と大きく異なるところです。

　さて、このような個人の土地活用の発意から区画整理手法を用いて小規模ではあれ街づくりの一端を担うために区画整理の施行認可を取得するまで——つまり事業化に至るまで——の段階で重要なことは、個人施行であっても地権者やその他宅地に権利を有する者（以下、関係権利者といいます。）との間で十分に話し合いを重ね、相互の信頼関係を構築することです。具体的には、そもそも土地活用や街づくりの手法として区画整理が適当なのか、建築物と一体的に整備する場合にはどこまでを区画整理の事業範囲とするのか、推進体制はどのようにするのか、資金調達はどうするのか、あるいは民間デベロッパー等に同意を与えて施行させるのかといった事業の基本的な枠組みを、行政の指導、コンサルタント等の助言を得ながら確立していくことになります。

　そして関係権利者間で、これら事業の根幹に対する意思統一が図られたならば、事業実施に必要な調査・計画を進め、実施しようとする事業内容を明示する事業計画案と、将来の事業運営に関する基本的な規範ともいうべき規約（一人施行であれば規準）案を作成します。次に、作成した事業計画案をもとに関係機関と事前協議を重ね、関係権利者と必要な情報のやりとりを適宜行いつつ、逐次事業内容に修正を加えたうえ、関係権利者の正式な同意と宅地以外の土地の管理者の承認を得て、施行認可を申請します。

2．事業の発起段階

(1) 土地活用の発意から街づくりへ

　既成市街地内で行われる民間主体の街づくりの発端は、それぞれの地区の特性や条件等によりさまざまですが、大きくは地権者の自主的な発意にもとづくものと民間デベロッパー等の参加が契機となるものがほとんどです。

　このうち前者は、1人から数人のリーダー的存在の地権者が中心となって土地活用を志向する中で、地権者自らがその地区の問題を認識し、主体的に街区の再編や敷地の整序を発意するものです。街づくりの精神として最も好ましいあり方ですが、こうした動きが自然に出てくるためには、行政が街づくりの方針やマスタープラン等に関する情報を適宜提供することが有効となります。

　後者は、土地活用に関する意欲が地権者間で相応に高まっており、同時に勉強会等を通してその地区の整備改善の必要性を強く認識しているものの、いまだ資金調達に関する不安やリーダーの不在、あるいは事業を施行するノウハウや知識の不足等といった理由から、自主的な発意に踏み切れない場合に、当該地区のポテンシャルに着目した経験豊富な民間デベロッパーの参画により、地権者の不安やリスクが解消され、街区の再編や敷地の整序を企図するに至るケースです。

　このほか、地域の街づくりにおいて枢要な位置を占める地区では行政が主体となって勉強会等を地道に開催するなどして、地権者の不安をひとつずつ取り除いた結果、街区の再編等の発意に結びつく——行政の誘導によって発意が促される——ケースもあります。

　なお、この段階においては、地権者の勉強会などのために街づくりや土地活用の専門家の派遣を無料で受けることができる制度が用意されています。たとえば、財団法人区画整理促進機構の登録専門家派遣制度はその一つです。

(2) 手法の選択

　さて、土地を活用するにあたって、敷地条件を改善させるために街区を再編したり、敷地を整序したりする必要性に気づいた地権者は、次にそのための手法を選択しなければなりません。

　当然のことですが、街区の再編や敷地の整序をどういった手法で行うかについて一般解はありません。個人施行の区画整理は大変汎用性があり、使い勝手の良い手法といえますが、だからといってどこの地区でも最適な手法とは限りません。地区ごとに自らの特性や実情を勘案して、総合的に判断する必要があります。ここでは比較対象として、これまで民間の都市開発事業で街区の再編や敷地の整序を行うのによく用いられてきた開発許可制度と都市再開発法にもとづく市街地再開発事業（以下、法定再開発といいま

す。）をとりあげます。

1) 開発許可と区画整理
　街区の再編や敷地の整序には通常、公共施設の改廃に伴う一団の土地区画の変更や、土地を切り盛りする造成行為等——すなわち区画形質の変更——が伴います。前章でも述べたように、建築物の建築の用に供する目的で土地の区画形質の変更を行うことを開発行為といいますが、都市計画区域や準都市計画区域内で開発行為を行う場合は、特別な場合を除きあらかじめ都市計画法にもとづく許可を取得しなければなりません。いわゆる開発許可が必要となります（図表1.6参照）。
　したがって、街区の再編や敷地の整序は開発許可の取得によって達成することがまず一つ考えられます。開発許可制度は既にその手続きが官民双方において広く浸透していることから、建築行政との受け渡しがスムーズに行われるなど、建築物の着工までの時間リスクをある程度予測することができるため、建築物と一体となった民間の都市開発事業では援用されるケースが珍しくありません。
　しかしながら、複数の地権者がいて、地権者間で土地の入れ替えや集約が伴う場合はそこに各種の課税が発生することもあり、地価が高い街なかでは事業の成否を決するほどの税額になるケースも多々あります。また、許可を要する開発行為は、それがたとえ街づくりの方針等に合致したものであっても、基本的には私的な行為と見なされるので、公共施設の新設・改廃等に対して原因者負担の原則に則った指導がなされます。
　一方、区画整理事業で行う区画形質の変更は、区画整理自体が公共的な街づくり制度に立脚した事業であるため、議会等でも理解を得やすいうえに、土地の再配置に対して税制優遇もあります。さらに、後述する法定再開発とは異なり、区画整理は建築物と一体的に行う事業であっても、あくまでも建築物の建築とは別事業ですので市場の変化等に対応しやすいということもあります。とはいえ、そうしたメリットを享受するには、私的な任意の行為とは異なる計画——すなわち地域の街づくりの方針やマスタープランに対し積極的に貢献し得る計画——とする必要があります。
　また、区画整理事業では法にもとづく施行認可や換地計画の認可が必要となりますし、その手続きは開発許可に比べやや専門的で煩雑であることも確かです。

2) 法定再開発と区画整理
　街区の再編という意味では、法定再開発も有効です。法定再開発で行う区画形質の変更も都市再開発法に則った手続きによって行われるので、公共性を訴えやすく、税制上の優遇措置があるという点でも区画整理と共通します。また、その反面として手続きがやはり専門的かつ煩雑というデメリットを持つという点でも同じです。
　区画整理と違うのは、法定再開発は従前の土地・建物を従後の施設建築物の床に置き換える事業ですので、建築物を含めたオール・イン・ワンの事業であるということです。

一つの事業で建築物まで含めてすべて整備するということはもちろん良いことがたくさんありますが、都市計画決定に関する手続きなど事業化までに長期間を要することが多いので、民間事業者にとって時間リスクが大きく、資金事情や市場変化に応じた機動性や柔軟性に欠けるという面があります。さらには、多くの事業で従後の土地を共有することが前提となるため、投資対象の適正評価——いわゆるデューデリジェンス——を経る今日の市場では場合によっては消極的な判定を受けることも見受けられます。

とはいえ、建築物の整備までをも含むというその特質から、法定再開発の場合は開発許可と異なり、必ずしも区画整理との二者択一になるとは限らず、時として積極的に併用することも考えられます。

(3) 予定する施行地区の設定

区画整理という手法を選択したのなら、まず施行する土地の区域（区画整理では施行する土地の区域を「施行地区」といいます。）を設定します。

個人施行の場合は事業を発意する過程において、施行地区のおよその範囲は自ずと想定されるものですが、予定する施行地区は当該地域に求められている市街地の将来像を効率的かつ効果的に実現しうるものとすべきです。したがって、地域の根幹となるべく都市計画決定されている道路や公園等を故意に避けたりせずに、これら都市計画施設等の整備に伴う都市機能の向上や環境改善など事業効果が地区の内外に十分波及し、なおかつ地区内において整備効果に不均衡が生じないような範囲で、明確な地形・地物で囲まれた、できるだけ整形な区域が一般的には望まれます。

しかしながら、一方で事業の難易性も当然念頭に置きながら設定すべきで、理想を追い求めるがあまり現実を見失うことは避けなくてはなりません。特に、街なかで行う個人施行の区画整理では効率的であることを優先し、なるべく早く、そして極力安く、求められる市街地整備を実現できる範囲——すなわち合意形成の比較的容易な範囲——とすることもやむを得ないでしょう。結果的に筆界や敷地界で施行地区を予定することもあるでしょうし、あまり好ましいことではありませんが、場合によっては地区の中の一部を除外する「中抜き施行地区」や、物理的に離れている地区を一体的に施行する「飛び施行地区」を検討してもよいでしょう。

なお、「施行地区」と似た言葉で「施行区域」という用語もありますが、こちらは都市計画法第12条第2項の規定により市街地開発事業として区画整理を施行することが都市計画に定められた区域のことをいいます。もし、予定する施行地区が施行区域内にある場合は、都市計画事業として区画整理を施行することになります。このとき、施行地区が施行区域の内外にわたることは認められませんので、注意が必要です。

> **コラム：ひとつの地区で2つの事業は可能か？**
>
> 　すでに区画整理事業の施行地区となっている区域では、その施行者の同意を得なければその施行者以外の者が区画整理事業を施行することはできません。
> 　また、その同意があった場合は、先に施行されていた区画整理事業は新たな区画整理事業に引き継がれることになります。
> 　したがって、同時に2つ以上の区画整理事業が同じ地区で施行されることはありません。
> 　引き継ぎがあった場合、新たな施行認可の公告がされた日に前の事業は、個人施行の場合は廃止、組合施行の場合は解散されます。
> 　引き継ぎの対象となる事業は、法では特に施行者の種類を限定していませんので、どのような組み合わせも想定はできますが、公共団体施行の事業を個人施行や組合施行が引き継ぐという状況はあまり考えられません。その逆に、個人や組合の施行する事業を公共団体が引き継ぐという状況は可能性があるでしょう。
> 　施行中の個人施行の事業を引き継ぐ場合、事業の施行のための借入金があるときは、事業の引き継ぎについて債権者の同意が必要となります。
> 　区画整理事業の引き継ぎがあった場合、引き継ぎ前の事業の施行者が有していた権利義務は、引き継いだ施行者に承継されます。そのため、個人施行の事業を個人が引き継ぐようなケースでは、債務がある場合もありますので、引き継ぎにあたって新施行者は前事業の財務状況を十分に把握しておくことが重要となります。

(4) 施行主体の選択

　これまで、個人施行で区画整理を行うことがあたかも既定の事実のように述べてきましたが、実はこの段階ではまだ個人施行がよいのか組合施行にすべきなのか、はたまた会社施行が適しているのか、はっきりしていないのではないでしょうか。もちろん、予定する施行地区から自ずと地権者の数が決まり、それが7人に満たない場合は組合を設立する要件を欠きますので、組合施行とすることはできません。

　7人以上地権者がいる場合は、組合を設立して区画整理を施行することができますが、だからと言って必ずしも組合施行とする必要はなく、7人以上であっても個人施行で行うことは可能です。

　ともあれ、街づくりの手法として区画整理を選択し、事業を施行するおおむねの範囲が定まったのであれば、そろそろ個人施行にするのか、組合施行とするのか、あるいは会社施行なのかをはっきりさせる必要があります。このあたりから内外の手続きに違いが出てくるからです。

　個人施行、組合施行、会社施行それぞれには、図表2.1に示すように一長一短がありますので、地区の実情や特性に応じて慎重に選択する必要がありますが、個人施行を

選択するポイントしては、以下の事柄が考えられます。

① 地権者数

一概に地権者数のみで判断はできませんが、前述のとおり地権者数が組合施行の要件を満たさない場合は個人施行か会社施行かという選択になります。地権者が1人であったり数人で合意形成が容易だったりする場合は、会社施行も不可能ではありませんが、手続きが簡便な個人施行がまず考えられます。

一方、地権者が多い場合は、合意形成手続きなど事業運営上の支障が考えられるため、必ずしも全員同意を必要としない組合施行または会社施行が適していると考えられます。

ただし、何人までが個人施行で何人からが会社施行や組合施行にすべきとはいえませんので、地区内の地権者の合意形成状況や他の要件も含めて総合的な判断が必要となります。

② 補助金

個人施行の区画整理でも補助を受けられますが、国の一般会計補助による都市再生区画整理事業では3人以上の地権者による共同施行または公的主体による同意施行が要件となっていますし、同様に国の道路整備特別会計による土地区画整理事業補助でも都市機構等との共同施行や公的主体による同意施行に限っており、決して間口は広くありません。

これに対し、組合施行や会社施行では施行主体による要件が特にないので、他の要件に合致すれば比較的補助を受けやすいといえます。

③ 土地活用

事業化の発意が純粋に区画整理事業のみであれば、個人施行でも組合施行でも構いませんが、共同ビルの建築など土地活用の計画も同じ組織で実現することが効率的であると考えられる場合は、事業完了後に解散する組合施行ではなく、個人施行や会社施行が適しています。

④ 事業化までの期間

組合や会社の設立に際しての手続き等が事業化へ影響を及ぼすことが考えられる場合に、少しでも早く事業化を進めたいのであれば、設立手続きが不要な個人施行が適していると考えられます。

ただし、個人施行は全員同意で事業を進める必要がありますので、地区内の地権者が複数いる場合はその同意が取れていることが前提です。反対者の説得・調整に時間がかかる場合は組合や会社で事業化する場合と変わらなくなってしまうか、かえって

図表2.1　個人施行と組合施行・区画整理会社施行

		施行者別の特徴	
		個人施行	組合施行
事業化に向けた対応の内容	事業の認可・同意要件	・人数制限はなく1人から施行可能。 ・全員同意（複数の場合）。	・7人以上で組合設立が必要。 ・地権者の2／3同意。
	反対地権者の扱い	・事業に合意しない地権者の土地を施行地区に取り込めない。	・少数の反対者の土地も施行地区に取り込むことができる。
	地権者の選択肢	次の3つの選択肢が可能。 ア　共同事業者になる。 イ　同意施行者に事業に関する同意を与えた地権者となる。 ウ　事業に全く関わらない（事業に参加しない）。	・反対者であっても、組合設立後は、全員同等の権利・義務を負う組合員になる。
事業の進め方		・宅地に係る関係権利者全員の同意。	・総会または総代会の決議による。重要事項以外は普通決議（組合員の過半数の出席で総会が成立し、出席組合員の過半数の賛成）で議決される。
地権者以外の者の施行者への参加可能性		・地権者以外は施行者になれないが、施行能力のある者に同意を与えて施行させることが可能。	・参加組合員制度はあるものの、資格要件が限定されており、一般的には地権者以外は組合員になれない。
事業費用	事業費の負担	・施行者である個人が負担する。	・施行者である組合が負担する。
	事業参加に伴うリスク	ア　共同事業者：事業リスクを全て負担する。 イ　事業に同意した地権者：事業リスクは負担しない。	・全組合員（全地権者）が平等に事業リスクを負担する。賦課金が必要な場合には、全地権者に賦課。
施行者の権能	施行者と事業の関係	・個人が、土地区画整理事業を行うもので事業完了後は施行者の地位が喪失する。	・組合は事業完了後解散し、組合そのものがなくなる。
	土地区画整理事業以外の事業の実施	・施行者とは別の人格で他の事業も可能。	・土地区画整理事業の施行以外はできない。
	資金調達	・個人が資金を調達する（調達方法は随意）。 ・同意施行の場合は同意施行者に負担させることも可能。	・組合が資金を調達するが、一般的には理事等の個人の連帯保証による金融機関からの借入と保留地処分又は組合員への賦課金。
	納税	・原則的に一般の課税対象（個人の利益に対して課税）だが、事業に要した費用は経費として計上可能（事業費の支出と保留地の処分時期が異なっても可）。	・公共法人であり、非課税。

(個人施行のメリット・デメリットについての比較)

会社施行	個人施行のメリット・デメリット	
	メリット	デメリット
・会社法の成立で発起人等の人数制限なし（商法：株式会社は3人以上）、最低資本金なし（商法：株式会社で1千万円以上）。 ・会社設立には地権者の過半数が株主となり、出資者が2／3以上の地積を有すること。	・組合施行や会社施行のように、組織の立ち上げに一定の人数を集めることや設立の手続を必要としないため、事業の立ち上げが短縮可能。 ・1人から施行可能。	・複数の地権者がいる場合は全員同意が必要となるため、反対地権者の土地を地区に入れることが必要な場合は、調整に時間がかかる。
・少数の反対者の土地も施行地区に取り込むことができる。 次の2つの選択肢がある。 ア　施行会社出資者として参加する。 イ　出資者にならない地権者として参加する。		
・基本的に株主総会や取締役会で決するが、仮換地指定や換地計画といった重要な事項には地権者の2／3以上の同意が必要。	・小規模で利害関係が一致した地権者間の事業では、合意形成に時間がかからず、手続も少なく済む。	・人数が多い場合は合意形成に時間がかかる。
・一定の出資要件のもとで、地権者以外の者も施行会社の出資者となることができる。	・事業ノウハウや資力がある民間事業者を同意施行者として直接事業に関与させることができる。	－
・施行者である会社が負担する。 ア　出資者：施行者である会社に対して出資の範囲でリスクを負担する。 イ　非出資者：事業リスクは負担しない。	－	・無限責任的リスク負担となることも考えられる。
・事業完了後、会社は施行者の地位を失うが、会社の定款を変更した上で会社自体は存続することが可能。	・保留地の管理や施行後の土地活用等を事業完了後も実施できる。	－
・土地区画整理事業完了後に定款を変更した上で他の事業も可能（建物整備や土地活用等）。	・土地区画整理事業に関連した他の収益事業の利益を期待した事業施行ができる。 ・同一の施行者が市街地再開発事業や共同建築物整備事業を一体的に行うことが可能。	・他の事業の損失により、施行者の財務能力が低下するリスクがある。
・出資、社債、借入等、商法（会社法）上の規定を生かした多様な資金調達方法が可能。	・関連事業も含めての、資金調達を行うことにより、個人の債務保証リスクが減少する。	・出資が多額の場合、一般地権者では資金調達が困難になる場合もある。
・法人課税の対象だが課税特例もあり。	－	・区画整理事業費以上の保留地を設定した場合、収益とみなされる。

時間がかかることにもなりかねませんので注意が必要です。

⑤ 区画整理等のノウハウ

　区画整理事業に限らず開発に関する実績やノウハウがある地権者またはその地区に参画を希望する民間デベロッパー等が率先して事業化を進める地区では、その企業に事業主体として活躍してもらうことが有効な場合があります。

　そのような場合には、地権者自らが施行者として、または民間デベロッパー等が同意施行者として自ら腕をふるってもらうことのできる個人施行が効率的かもしれません。

　もっとも、民間デベロッパー等の参画機会については、区画整理会社の出資者として事業を進めることのできる会社施行も考えられますし、業務代行者として参画することのできる組合施行もないわけではありません。

　以上、施行主体の選択に関して一応の目安を示しました。しかしながら、地権者数を除いては各施行主体ともおおむねどのような地区でも事業化が可能ですので、実務上は地区の実情や特性を踏まえて、その地区に適した施行主体を総合的に判断することになります。

　その結果個人施行を選択したのなら、あわせて同意施行制度を活用するのか、あくまでも地権者が自ら施行するのかも決めておくことが望ましいでしょう。もちろん、同意施行制度の導入は認可手続き直前まで可能ですが、導入時期が早ければ早いほど同意施行のメリットを活かす場面が増えることになります（図表2.2参照）。

図表2.2　地権者から見た同意施行の特長と課題

区　分	地権者が行う個人施行[*1]	同意施行者が行う個人施行[*2]
内　容	・地権者が自ら事業を施行する ・必要に応じて、事務局業務を専門コンサルタントに委託する	・地権者になり代わり、同意を与えられた者が事業を施行する
特　長	・計画の内容、事業の運営等に関して地権者の自主性が保たれる ・開発利益をすべて地権者に還元できる	・同意施行者の豊富な知識やノウハウ、あるいは資金力が事業推進や建物整備に生きる ・地権者の負担は大幅に軽減される
課　題	・都市開発や区画整理に関する知識やノウハウの不足により、事業が長期化する可能性がある ・資金調達能力に乏しい場合、事業化が困難 ・精神的にも資金的にも地権者の負担が大きい	・計画の内容、事業の運営等に関して、同意施行者の利益が優先される可能性がある ・地価の上昇時に保留地を設ける場合は、保留地に関するキャピタルゲインが地権者に還元されない

[*1]：ここでは、地区内地権者のみで行う一人施行または共同施行とする。
[*2]：ここでは、同意施行のうち地区内地権者でない者による一人施行とする。

(5) 事業化準備のための推進組織

　組合施行では、施行地区内の宅地所有者および借地権者は、組合が設立されると同時に好むと好まざるによらず全員が組合員となり、事業を運営していくことになります。このため、事業化準備の段階では、組合設立まで地区の意向を取りまとめ、各種関係機関との協議、折衝を行う設立準備委員を選びます。

　これに対し、個人施行の場合は宅地に関する権利を持つ者すべての同意を得て施行する全員同意型の事業ですから、一人施行でない限り準備段階においても将来施行者となる宅地の所有者および借地権者全員からなる組織（地権者協議会等）を結成し、あらかじめ準備業務に関わる費用負担のあり方や役割分担を決め、逐次意思統一を図りながら進める必要があります。

　準備業務の役割分担としては、地権者を代表して準備を進める執行役、その進捗状況を監督し、費用の出納を検査する監査役等を定めることが適切です。とはいえ、執行役といっても区画整理の実務に精通している地権者がいるとは限りませんから、この段階から執行役の下に外部のコンサルタント等へ委託する事務局を位置づけることも有効です。

　区画整理に関わる公益法人が事業化のための支援制度を設けている場合もあります。たとえば、財団法人区画整理促進機構では、こうした事業化推進組織等の要請にもとづいて、予め登録した経験豊富な専門家グループを長期（2～3年）にわたり無料で派遣する事業化支援制度を設けています。これら専門家の豊富な知識や経験、経営感覚あふれるアドバイスは、一般の地権者が進める区画整理の事業化促進に大変有益なものです。また、この制度は民間事業者との連携や参画等について模索し、助言を必要としている地方公共団体の要請にも応えることができます。

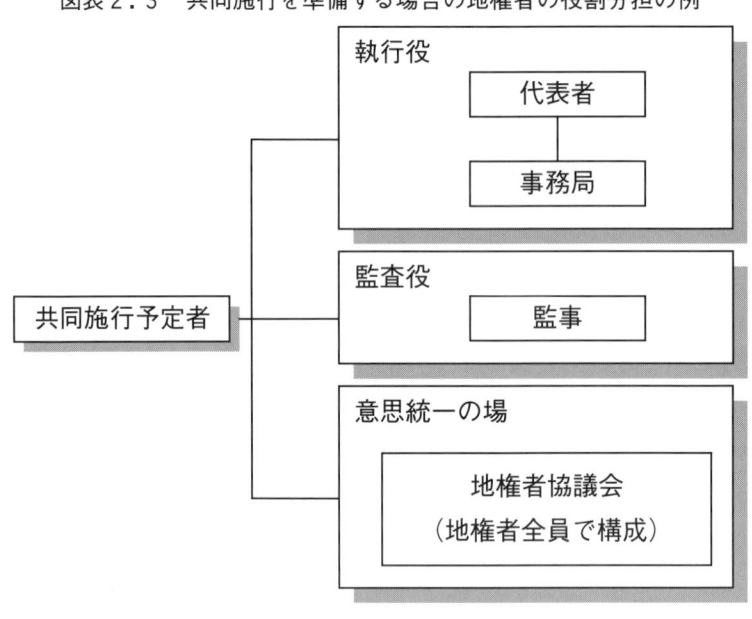

図表2.3　共同施行を準備する場合の地権者の役割分担の例

```
                        ┌─執行役──────────────┐
                        │      ┌─代表者─┐    │
                        │      └───────┘    │
                        │      ┌─事務局─┐    │
                        │      └───────┘    │
                        └───────────────────┘
┌─共同施行予定者─┐────┌─監査役──────────────┐
└───────────────┘    │      ┌─監事───┐      │
                        │      └───────┘      │
                        └────────────────────┘
                        ┌─意思統一の場─────────┐
                        │   ┌─地権者協議会──┐  │
                        │   │(地権者全員で構成)│  │
                        │   └───────────────┘  │
                        └────────────────────┘
```

　なお、建物の共同化を図る事業と一体的に施行する地区では、区画整理は手段であって目的はあくまでも建物の共同化ですから、手段として区画整理を選択した時点ですでに建物の共同化組織が設置されていることも考えられます。その場合、建物の共同化事業と区画整理事業の地権者が同一であるのなら、区画整理の推進組織も建物の共同化組織の一部として兼ねることとなるでしょう。

(6)　行政への事前相談

　事業化の推進体制が決まったのなら、次項で述べる関係権利者等への説明と相前後して、行政へプロジェクトの事前相談を行っておくことが賢明です。

　この事前相談の主たる目的は、プロジェクトの存在を行政に知ってもらうこと、そのプロジェクトの進め方等について助言を受けること、それから願わくはその後行われる行政協議がスムーズに行われるよう、当該プロジェクトに対する行政内部の支援体制を整えてもらうことです。したがって、相談する際にさほど大層な資料は必要ありません。むしろ、上位計画との関係やプロジェクトの概要が簡潔に記されている資料が好まれるでしょう。

　ところで、最初に行政のどの部署へ相談を持ちかけるかが、しばしば問題となります。郊外で行う宅地供給を主眼とする区画整理であれば、当然区画整理担当課になりますが、街なかで行う個人施行区画整理を活用したプロジェクトでは、建築物と区画整理の計画が表裏一体となることが常なので、判断に迷うところです。

　多くの場合、建築物の建築がプロジェクトの主目的で、区画整理はそれを実現するための手段に過ぎないので、まず建築担当課が考えられます。しかしながら、建築基準法

は「敷地主義」であるため、予定建築物の敷地が未だ確定していないこの段階では（建築敷地は、区画整理の施行によって初めて実現するので）、それを理由に消極的な対応を取られることも少なくありません。

そこで、区画整理担当課へ行くと、今度は建築物が主体のプロジェクトなのだから、自分達が窓口になるのは相応しくないなどと言われ、建築担当課と区画整理担当課の間で右往左往し、無為な時間を過ごすことになりかねません。

そうならないためには、たとえば企画調整課のような建築計画と基盤整備計画を橋渡しするような部署、あるいは双方を統括する部署に相談を持ちかけたいものです。

個人施行区画整理を活用したプロジェクトを支援することで、地域の街づくりにうまく貢献させている自治体では、そうした部署や街づくり相談窓口等を設けて積極的に対応しています。

(7) 関係権利者等への説明

これまで繰り返し述べてきたとおり、個人施行では宅地の所有者および借地権者だけでなく、抵当権者等の宅地に係るすべての関係権利者の同意を得ながら事業を進める必要があります。これら関係権利者へ事業内容を説明し理解を求めることは、基本的に権利を有する当該宅地の地権者（所有者または借地権者）の責任において行われている地区が多いようです。

しかしながら、区画整理に詳しくない一般の地権者が説明できる範囲は限られています。このため、地権者の説明は「（たとえ減歩されて宅地面積が減っても）資産価値は増加するはずだから、（とにかく）同意してください」などといったやや乱暴な説明に終始しがちです。これでは、関係権利者の不安をあおるだけで、とうてい理解は得られないでしょう。

そうした時には、執行役の代表者や事務局を委託されたコンサルタント等が同行して、現状における地域の問題点がどこにあるのか、どんな整備課題があるのかといった街づくりの必要性を訴え、施行することによってそれらがいかに解消され、得られる開発利益がどれほど見込まれるのか、あるいは区画整理がどんな仕組みで施行され、設定されている土地の権利は施行後も施行前と変わらず保全されることなどを懇切丁寧に説明することも必要でしょう。関係権利者が多い場合などは、一堂に会する説明会を開くことも有効です。

個別に面談する場合でも、説明会を開催する場合でも相手の立場に立って、当初から「減歩[*1]」だとか「換地[*2]」だとかといった専門用語を多用するようなことは避けて、相手の欲する情報を適宜適切なタイミングで平易な言葉を使って説明していくことが大切

[*1]：区画整理事業の施行により従前宅地の面積が減ること、またはその減る面積のことを減歩といいます。
[*2]：区画整理事業の施行により従前宅地の代わりに交付される宅地を換地といいます。

です。

　予定する施行地区の中には、なかなか理解を得られない権利者がいることもあります。そうした時にも対話を続けることでしか解決の道は無いので、対話できる関係や環境を維持し続けることが重要です。

　また、施行予定者は周辺の住民や利害関係者への説明会も適切な時期を選んで開催し、事業に対する理解を求めておくことが望ましいでしょう。このあと、現況測量等で地区外の土地への立ち入りが必要となったり、地区界の確定に境界点の立会いを求めたりと何かにつけ周辺住民等の協力なしには事業は進められず、その時になって唐突にその旨を伝えても理解を得られないことが多いからです。

　なお、個人施行の区画整理事業では法的に同意を取得する対象は地区内の宅地に係る権利者のみですが、街なかで施行しようとする場合に避けて通れないのが借家権者です。借家権者については、その権利の対象となっている当該建築物の賃貸人（多くの場合区画整理の個々の地権者）が責任を持って説明し、事業に対する理解を得なければなりません。特に街なかのビルでテナントの立退きが伴う場合などは、話し合いが長期化することも多いので、スケジュールを組む上で留意する必要があります。

(8) 技術的援助の請求

　街づくりの手法として区画整理を選択し、その施行を予定する地区を決め、事業の推進体制を整えても、専門的な知識やノウハウがない中では、街づくりは遅々として進みません。

　もちろん、ここに至るまでには行政の街づくり相談窓口の助言やコンサルタントの協力もあったことでしょう。中には、各地の区画整理協会等の公的機関に相談したことが功を奏した場面があったかもしれません。

　しかし、事業化に向けて地権者間でおおむねの意思統一が図られた今、よりいっそうの推進を図るには、当然これまで以上に行政のいろいろな部署の協力・援助が必要となります。

　具体的には、認可窓口のみならず、関係する公共施設管理者等との協議、場合によっては農政や環境関連部局との調整や法的な手続きを逐次行っていくことになります。こうしたときに行政内部で横断的にその地区の街づくりや区画整理に関する情報が共有されていれば、これらが非常に円滑に進みます。

　そこで、土地区画整理法では第75条において市町村へ技術的な援助を請求できることが規定されています。この請求を行うことにより、行政内部にその地区の計画が認知されますので、前述した協議等の円滑化に資するばかりでなく、他地区の事例等情報の提供、助成制度の積極的活用等、専門的技術の支援が期待できます。この制度は、組合施行の区画整理では広く浸透した制度ですが、もちろん個人施行であっても活用することが可能ですので、是非当該市町村の担当部局に確認するとよいでしょう。

とはいえ、こうした援助等を行政に求める以上は、事業化の熟度が相応に高まっていることが必要です。この時点で宅地に関する権利者のすべての同意が取れていればもちろん申し分ないのですが、できれば施行者となる地権者の相当数の同意は添えて申請したいものです。

なお、ここでの同意は、あくまでも事業化への準備を進めることに対する同意にとどまります。 【様式2-1、2-2参照】

(9) 調査・測量
1) 広域的条件調査

個人施行の区画整理は、比較的小規模で行われることが多く、土地活用——つまり敷地レベルのプロジェクト——を志向する中で計画されることが一般的ですが、その施行予定地区が都市の一部として適切に機能を分担するためには、個人施行とはいっても広域的な視点からその地区の街づくりや当該プロジェクトに要求される条件を明らかにする必要があります。

そのためには、まず施行予定地区を含む地域の広域的な位置づけと当該地域内部における施行予定地区の位置づけを明確にしなければなりません。こうした作業は、行政との協議等を前にあらためて整理しておくとよいでしょう。

① 当該地域の広域的位置づけ

各種のマスタープランや都市計画等の上位計画の中で、施行予定地区を含む地域一帯が母都市においてどのような位置づけとなっているかを明らかにし、地域の将来像を把握します。また、都市計画の地域地区をはじめとした各種法規制も確認しておきます。

② 当該地域の歴史的変遷と特色

その地域の歴史や風土・文化などの特性を調査し、計画に反映します。あわせて災害の履歴と基盤整備の変遷等も調べておきましょう。

③ 当該地域の性格

当該地域の指標を分析し、人口構造や産業構造を把握したうえで、その傾向から今後の発展の方向性を探り、施行予定地区に求められる土地利用や建物用途等を抽出します。

④ 主要プロジェクトの洗い出し

構想中のものも含めて母都市の主要なプロジェクトを洗い出し、そのうち当該地域に関係の深いものについてピックアップします。そして、それらと計画するプロジェクトとの競合性、整合性について整理します。

2) 実態調査

　個人施行の区画整理が敷地レベルのプロジェクト志向で——つまり、土地の整理だけはなく、むしろ建築物の整備を目的として——計画されることが多いことは先に述べたとおりですが、建築物を含めたプロジェクトの総合的な事業計画を作成するためには、施行予定地区に関わる基礎的な資料を調査・収集し、整理する必要があります。

　こうした作業を区画整理では実態調査と呼んでいます。個人施行の区画整理を活用する建築物整備プロジェクトでは、事業化期間の短縮がプロジェクトの成否を決めることが多いので、実態調査も当初から詳細に行う方が後の手戻りが少なく望ましいのですが、プロジェクトの実施が確実でない時期での調査費用の支出は難しいこともあるでしょうから、時期によって調査項目を適切に選択することも必要です。

　実態調査の項目は、通常の区画整理で行うものに比べ、建物に関連する事項について重点を置くことになります。建物の権利調査はもちろん、例えば区画整理後に建てる建物が賃貸オフィスビルであるならば、その収益が土地の価格に影響するので、当該地域の賃貸価格等も収集・分析しなければなりませんし、土質調査についても整地工事のみを目的としたものではなく、建物の基礎工事をも視野に入れたものである必要があるでしょう。

　また、周辺の交通施設、公園緑地、供給処理施設等の整備状況については、計画するプロジェクトの内容がこれらの施設に与える負荷の程度によって、整備改善の必要性を判断する重要な材料となります。特に、現地踏査ではその存在や整備状況が把握しにくい地下埋設施設は、場合によると大きな移設費等が必要となることもあり、事業収支を圧迫する要因となりかねないので、施設管理者を訪ねて管理台帳等で確認しておく必要があります。

図表2.4　実態調査の例

調査項目		調査内容	備考
調査区域		施行予定地区及びその周辺	事業計画を作成する範囲とその周辺を調査する。
作業基本図		地形測量図又は都市計画図（白図）の拡大図	縮尺1/500
社会的条件	人口	●人口・世帯数等	国勢調査又は住民登録人口等によって調査する。
	権利関係	●土地及び建物の権利調査	土地と建物の権利関係を次の要領で調査する。 AAA：土地所有者、建物所有者、建物使用者が同一の場合 AAB：土地所有者、建物所有者が同一で、建物使用者が異なる場合 ABB：土地所有者が別で建物所有者、建物使用者が同一の場合 ABC：土地所有者、建物所有者、建物使用者がすべて異なる場合
	地価等の現況	●土地及び建物の価格等	相続税等の路線価、周辺の土地・建物の売買実例等を収集する。建物の用途が賃貸物件の場合は周辺の賃貸価格も整理する。
物的条件	自然条件	●土質・植生・斜面方向等 ●環境基準 ●土壌汚染・水質汚濁等 ●災害履歴	土質・植生・地形条件等は、当初は現地踏査を綿密に行うとともに、既往の調査資料により概要を把握し、時機を見て土質調査、植生調査、現況地形測量を実施する。 施行予定地区が工場跡地等を含む場合は、事前に当該敷地の地権者負担にて土壌・水質調査等を実施する。 災害履歴は、近隣に長期にわたって生活している住民の話などを参考に、過去10年程度までを調査する。
	土地利用	●用途別土地利用	現地踏査及び測量図、住宅地図等による。
	建築物利用	●用途・構造、規模等	現地踏査及び測量図、住宅地図等による。
	交通施設	●周辺道路の幅員・交通規制・交通量等	現地踏査、管理者資料等により調査し、必要に応じて実測等を行う。
	公園緑地等	●周辺の公園緑地の現況	現地踏査、管理者資料等により調査する。
	排水施設	●河川・水路の現況	現地踏査、管理者資料等により調査し、必要に応じて実測等を行う。
	供給処理施設	●供給処理施設の現況	現地踏査、管理者資料等により調査し、必要に応じて実測等を行う。
	公益施設等	●商業施設、消防施設等の現況	現地踏査、管理者資料等により調査する。

3) 権利調査

　個人施行では第三者に同意を与えて施行させる場合を除き、地権者自らが施行しますから、通常は施行者が権利関係を把握していると考えられますが、それでも権利調査を通して、詳細に確認し直すことが重要です。

権利調査は、予定する施行地区に関係する土地の地番、地目、地積と、その所有権者および借地権者ならびにその他抵当権者等の関係権利者を正確に把握するために、登記所＊に備え付けられた登記簿謄本と公図を閲覧、謄写、または取得することにより行います。この場合、法第74条により個人施行の区画整理であっても後述する法第72条の土地立ち入り認可後であれば、登記所に対し登記簿謄本等の閲覧、謄写、交付を無償で求めることができます。

　調査の実施時期は、まず施行予定地区を設定する段階で行い、その後施行認可申請書を作成する段階（施行地区を確定し、同意書を取得する段階）で再調査します。最初に実施してから施行認可申請書を作成するまでに長く間があく場合は、適宜再調査し補正することも必要で、常に現状を正確に把握しておくことが重要です。

　調査の範囲は、施行地区内の土地についてはもちろん全筆、施行地区外の土地についても地区界に接する筆（地区界確定の立会い等が必要となる筆）を対象に行います。

　また、借地権の有無を確認するために、土地だけではなく建物についても調査しておくことが賢明です。借地権には地上権と賃借権があり、前者は物件として登記されていますが、後者は通常登記されていないのが一般的です。このため、賃借権の存在は土地登記簿だけでは確認できないのです。しかし、当該土地に建物があるのであれば、その所有者を調べることで推定することが可能です。建物と土地の所有者が一致する場合は、そこに借地権が介在する余地はありませんが、一致しない場合は借地権が存在することを意味します。建物は当該土地に所有権なり、借地権なりの権利が無ければ建てられないからです。

　権利調査は、道路、公園、広場、河川、水路、緑地等の用に供され、国または地方公共団体が所有する公共施設用地についても実施します。これらの土地には、地番の付いている土地と付いていない土地があるので、注意が必要です。有地番の土地は登記簿によりその内容を把握できますが、無地番の土地については登記簿から把握することが不可能なので、公図や現地踏査などでその存在を確認したら、当該施設の管理者を訪ね、管理台帳等により当該土地の範囲、面積、所有者を調べます。

　調査した内容は、土地各筆調書、土地種目別調書、公共施設用地調書、公共施設用地総括表、名寄せ簿といった書類にまとめます。もしも、登記簿と公図の間で不照合な土地が存在することが判明した場合は、なるべく早い時期に登記所へその旨を申し出て、その土地の扱いについて十分協議する必要があります。

【様式２－３～２－７参照】

4) 測量

　区画整理は「測量に始まり、測量に終わる」といわれます。なぜなら、調査のための

＊法務局および地方法務局ならびにその支局および出張所を「登記所」といいます。

測量から始め、その成果をもとにして設計を行い、さらにはその設計の内容によって施行後の公共施設や換地の位置を定め、実際に現地に境界点を表示することで換地処分を行って事業が完了するからです。

また、区画整理の測量は国が進めている地籍調査の一環として、地籍の整備効果が期待されており、工事完了後に行う測量の成果は、国土調査法第19条第5項の規定にもとづき国土交通大臣に申請し、国土調査と同一の効果があるものとして指定を受けることが求められています。このため、体系化された一連の高精度の作業となるように、「国土交通省土地区画整理事業測量作業規程」に準じた測量作業規程を定めることが望ましいでしょう。

① 現況測量

さて、事業の準備段階ではまず、現況測量を行う必要があります。その目的は、予定する施行地区およびその周辺の施行前の地形・地物を詳細に把握することにあります。具体的には、
・道路、水路等の公共施設の位置、形状、構造
・宅地の位置、形状、利用状況
・建物その他工作物の位置、形状、構造、利用状況
・地形、地勢
・上水道、下水道、ガス管、送電線、電信電話ケーブル等の地下埋設物や架空占用物等を図面上に明示するために行います。

その成果は、先述した一連の作業の基本図となりますので、地区の大きさを勘案して作業のしやすい縮尺（標準は1/500）で図面化します。

現況測量を実施するには、予定する施行地区内の土地はもちろんのこと、地区外の土地にも立ち入る必要が生じることもあります。この場合、法第72条にもとづき、あらかじめ市町村長の立ち入りに対する認可を得たうえで、立ち入ろうとする3日前までに、その旨を宅地の占有者に通知しなければなりません。また、当日実際に立ち入る際には関係人の請求があった場合に提示できるように身分を示す証票または市町村長の認可証を携帯し、占有者がいる場合はその旨を告げてから立ち入ることが法で定められているので、実際に作業する測量業者等に周知徹底させる必要があります。

なお、土地立ち入り認可申請を行うのは、技術的援助の請求を行った以降、すなわち、事業の熟度が相応に高まった段階であることが望ましいでしょう。また、市町村長の認可を得たからといって、むやみやたらに他人の土地に立ち入ることは厳に慎むべきで、特に施行予定地区外の土地への立ち入りには、注意が必要です。このためにも、あらかじめ周辺住民等に対して説明会を開催し、事業への理解を求めておくことが賢明です。

【様式2-8, 2-9参照】

② 地区界測量

　地権者や関係機関等との協議が進み、施行地区界を決定したら、その正確な位置を把握し、施行地区の面積を算出するために、地区界測量を行います。個人施行では面積が小さい場合や地権者数が少ない場合など、その後に地区界が変わる可能性の低い地区であれば、効率性を考えて現況測量と同時に地区界測量を実施することも多いようです。

　地区界測量は、地区境界に隣接する土地の地権者、または公共施設の所有者・管理者に、一つひとつの境界点の立会いを求めて確定していきます。この場合、地区外の地権者にとっては不要不急であることも多いため、必ずしも立会いに協力的であるとは限りません。よって、スケジュールには十分な余裕を持ちたいものです。

　なお、実施にあたり土地の立ち入りが必要な場合は、現況測量と同様に土地の占有者に通知等が必要です。　　　　　　　　　　　　　【様式2－10, 2－11参照】

③ 一筆地測量

　施行予定地区内の従前地の位置、形状、面積等を正確に把握することは、後に行う換地設計と密接に関係するので大変重要なことです。しかし、従来郊外で行われてきた大規模な区画整理では、従前地一筆ずつの境界点を立会い測定し、それぞれの位置、形状、面積を求める一筆地測量は、特別な土地を除いてあまり実施されませんでした。これは、大規模であるためにそれに要する時間と費用が膨大になるからです。

　しかし、街なかの区画整理では地価が高いこともあって、従前地の面積等の決定には殊更慎重を要します。このため、小規模な地区等では費用対効果を検討したうえで、すべての従前地に対し一筆地測量を実施する例も多くなっています。あわせて、借地権等所有権以外の権利の目的となっている宅地およびその部分を測量しておくと、後に換地設計を行うにあたり有効です。

　とはいえ前述のとおり、これらの作業は従前の権利価額を決定づける大きな要素となるので、地価の高い街なかではいくら小規模でも相応の時間がかかることをあらかじめ覚悟しておく必要があります。

図表2.5　区画整理測量に係るアウトプットとインプット

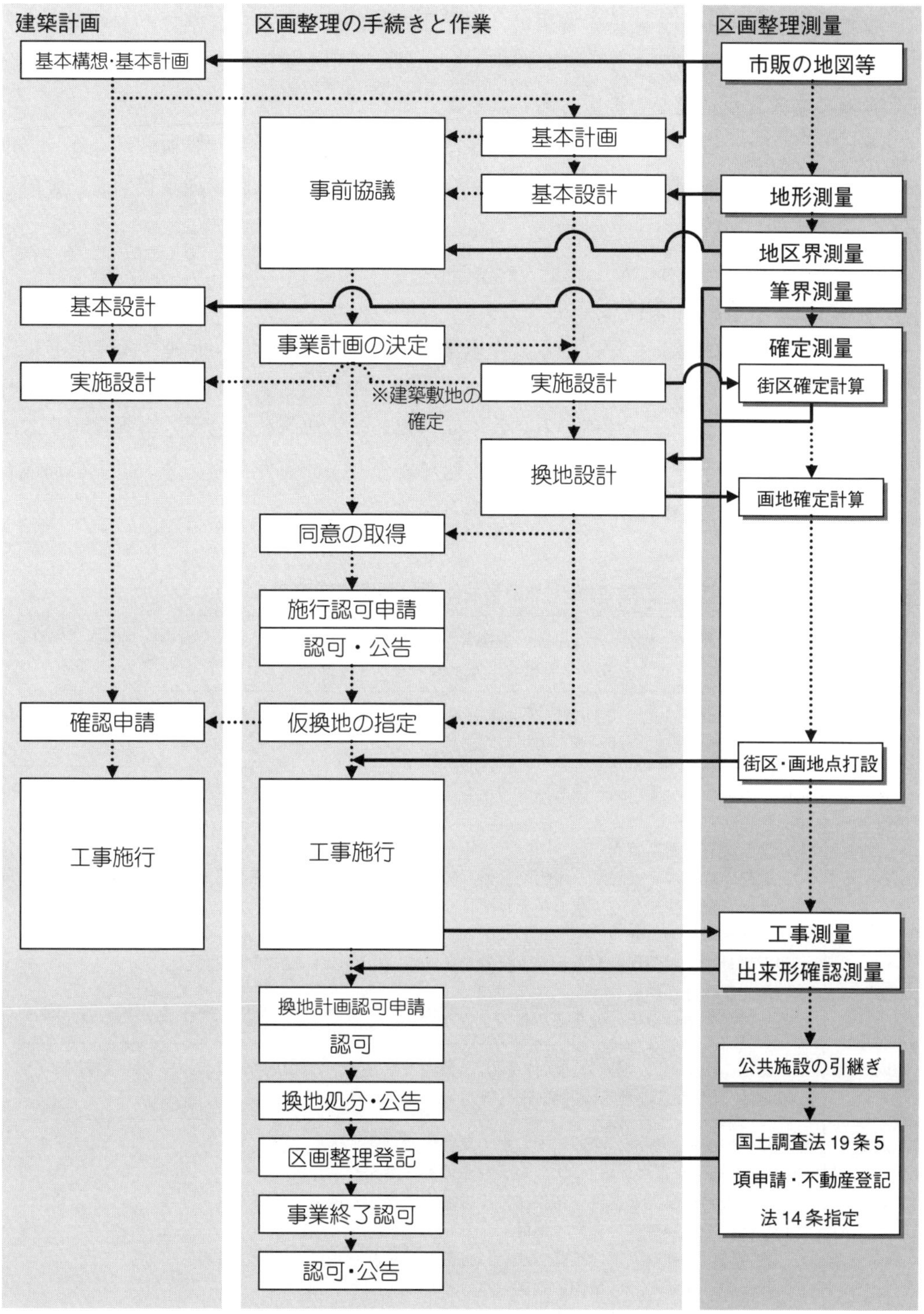

建築計画	区画整理の手続きと作業	区画整理測量
基本構想・基本計画		市販の地図等
	基本計画	
	事前協議 ← 基本設計	地形測量
		地区界測量
		筆界測量
基本設計		
実施設計	事業計画の決定	確定測量
	実施設計	街区確定計算
	換地設計	画地確定計算
	同意の取得	
	施行認可申請	
	認可・公告	
確認申請	仮換地の指定	街区・画地点打設
	※建築敷地の確定	
工事施行	工事施行	工事測量
		出来形確認測量
	換地計画認可申請	
	認可	公共施設の引継ぎ
	換地処分・公告	
	区画整理登記	国土調査法19条5項申請・不動産登記法14条指定
	事業終了認可	
	認可・公告	

第2章　事業開始の準備　53

(10) 準備段階の助成制度

準備段階における調査関係の費用は、事業費の中で意外と大きな割合を占めます。しかし、事業の成立が確実でないこの段階では十分な費用を確保できず、そのことが隘路となって事業化が進まない地区もあることでしょう。

そうしたことを受けて、現在国は準備段階の補助制度として、一般会計による「都市再生事業計画案作成事業」と道路整備特別会計による「土地区画整理事業調査」を用意しています。

1) 都市再生事業計画案作成事業

通称「一般会計調査」と呼ばれるこの事業は、土地の有効利用を促進するとともに、安全・安心で快適に暮らすことができる、経済活力のある市街地への再生・再構築を行うことを目的として、区画整理が有効な手法と思われる場合に実施する調査に対する助成で、個人施行を予定する地区であっても対象となります（ただし、3人以上の地権者の共同施行で、全員の同意がある場合に限ります）。

図表2.6　都市再生事業計画案作成事業

調査主体	個人施行を予定する者（3人以上の地権者が共同して実施する場合で、全員の同意がある場合に限る）、組合施行を予定する準備組織、地方公共団体、区画整理会社　等
区域要件 （一般地区）	直前の国勢調査に基づくDID内又は隣接する区域。市町村の土地計画に関する基本方針等、法に基づく計画に位置づけ（予定でも可）。
助成対象	地区の実情に応じて、次の調査区分の一つ又はいくつかを組み合わせて実施する場合に必要な費用。 (1) まちづくり基本調査 　計画の前提条件を整理し、市街地整備の必要性を明確にし、整備課題を設定した上で、まちづくりの基本構想やその実現方策を検討する。 (2) 区画整理事業調査 　現況測量や区画整理設計を行い、それを基に事業計画の案を作成する。 (3) 区画整理促進調査 　換地設計の準備やその他必要な事項を行う。
助成内訳	重点地区：国1/2、地方公共団体1/2（個人・組合等への間接補助においても内訳は同じ） 一般地区：国1/3、地方公共団体2/3（同上）
重点地区要件	一般地区の要件に加え、次のいずれかの要件を充たす地区 ［安全市街地形成重点地区］　次のいずれかの要件を充たす地区 （イ）防災再開発促進地区（密集法）の区域内に存する地区（予定でも可） （ロ）次の全ての要件を充たす地区 　a．地域防災計画（災害対策基本法）に位置づけられた地区（予定でも可） 　b．以下のいずれかの区域内の地区 　　・三大都市圏（既成市街地等） 　　・政令指定都市、県庁所在地 　　・地震防災対策強化地域、東南海・南海地震防災対策推進地域、日本海溝・千島海溝周辺海溝型地震防災対策推進地域

	・ 地震予知連の指定地域
	[街なか再生重点地区] 次のすべての要件を充たす地区
	(イ) 中心市街地活性化法の認定基準に合致する地区
	(ロ) 中心市街地活性化基本計画の目標の実現に大きく貢献する中核的な地区であり、都市機能導入施設の整備が行われる地区

2) 土地区画整理事業調査

　土地区画整理事業調査は、市街地整備を早急に実施すべき市街化区域や区域区分を行わない都市計画区域内の用途地域内の地区、または大規模なプロジェクト等の予定地区を対象として、公共団体等が行う「街づくり基本調査（基本構想の作成等）」、「区画整理事業調査（事業計画の作成等）」、「区画整理促進調査（換地設計案の作成等）」に対して補助するものです。

　したがって、通常の個人施行では対象となりにくいのですが、地権者に公共団体等が含まれる場合、あるいは同意施行者として公共団体等が関与する場合は活用できます。

図表2.7　土地区画整理事業調査

目的	早急に区画整理に着手する必要があると認められる区域において、区画整理の事業化を促進すること
採択基準	調査地区は次の各号に掲げる条件の一に該当する地区の内から採択する。 (1) 市街化区域内または市街化区域の区域区分を行わない都市計画区域内の用途地域内 (2) 大規模なプロジェクト等に伴い緊急に調査を必要とする区域
調査主体	都道府県、指定市、市区町村または独立行政法人都市再生機構
補助率	1/3
調査内容	まちづくり基本調査、区画整理事業調査及び区画整理促進調査に区分するが、調査地区の実情に応じて、事業化に対する地域住民の理解を得つつ、円滑に調査、計画、設計を行えるように、調査区分の一つまたはいくつかを組みあわせて実施する。 (1) まちづくり基本調査 　市街地整備のプログラムから区画整理予定地区を含む市街地整備の緊急性が高い地区について、計画の前提条件を整理し、市街地環境評価から整備の必要性を明確化し、整備課題を設定した上で、まちづくりの基本構想を作成する。さらに、基本構想の実現方策を検討する。 (2) 区画整理事業調査 　まちづくり基本調査またはこれに相当する調査により、基本構想を作成して事業化の機運が醸成されている区画整理予定地区について、現況測量や区画整理設計を行い、それを基に事業計画の案を作成する。 (3) 区画整理促進調査 　まちづくり基本調査、区画整理事業調査またはこれらに相当する調査と並行して、事業化を確実にさせることが必要な地区について、換地設計の準備、その他必要な事項を行う。

3．規準または規約案の作成

(1) 規準または規約の役割

　　個人施行の区画整理を実施する場合、土地区画整理法、同施行令、同施行規則、都市計画法等のその他関連法令に則って行うことは当然のことですが、これら法令は全国統一した規定であるため、地区の実情や特性を反映した事業の運営を行うには、不十分な面もあります。そこで、おのおのの地区ごとに法令の規定では足りない部分や運用に関わる部分について、一人施行をする場合は「規準」を、共同施行とする場合は「規約」を定めることになっています。つまり、規準または規約は、施行者が事業を遂行していくにあたり、その運営に関して必要となる約束事を定めたものといってよいでしょう。

　　同意施行の場合は、その同意のあり方によって一人施行になったり、共同施行になったりしますので（第1章2(4)参照）、それにより定めるのは規準であったり、規約であったりします。

　　なお、組合施行では認可申請時に定款および事業計画について、宅地の所有者と借地権者の同意を得る必要がありますが、個人施行では事業計画についてのみ施行地区内の宅地について権利を有する者の同意を得ればよく、規準または規約について同意を得る必要はありません（法第8条，第18条）。

　　とはいえ、一人施行の場合はともかく共同施行の場合は、おのおのの地権者およびその他関係権利者が納得できる規約を作成するのが望ましいことはいうまでもありません。

(2) 定めるべき内容

　　規準また規約には、法第5条および施行令第1条により、次の事項を定めることになっており、内容的にも組合施行の定款と遜色ありません（図表2.8参照）。

　　ア．土地区画整理事業の名称
　　イ．施行地区（施行地区を工区に分ける場合においては、施行地区および工区）に含まれる地域の名称
　　ウ．土地区画整理事業の範囲
　　エ．事務所の所在地
　　オ．費用の分担に関する事項
　　カ．業務を代表して行う者を定める場合においては、その職名、定数、任期、職務の分担および選任の方法に関する事項
　　キ．会議に関する事項
　　ク．事業年度
　　ケ．公告の方法
　　コ．その他政令で定める事項

- 宅地および宅地について存する権利の価額の評価の方法に関する事項
- 地積の決定の方法に関する事項
- 法第2条第2項に規定する工作物その他の物件の設置を行う場合においては、当該工作物その他の物件の管理および処分に関する事項
- 会計に関する事項

図表2.8　規準または規約と定款の内容の比較

規準または規約（個人施行）	定款（組合施行）
● 土地区画整理事業の名称	● 組合の名称
● 施行地区（施行地区を工区に分ける場合においては、施行地区および工区）に含まれる地域の名称	同左
● 土地区画整理事業の範囲	同左
● 事務所の所在地	同左
	● 参加組合員に関する事項
● 費用の分担に関する事項（規準では不要）	同左
● 業務を代表して行う者を定める場合においては、その職名、定数、任期、職務の分担および選任の方法に関する事項（規準では不要）	● 役員の定数、任期、職務の分担ならびに選挙および選任の方法に関する事項
● 会議に関する事項（規準では不要）	● 総会に関する事項
	● 総代会を設ける場合においては、総代および総代会に関する事項
● 事業年度	同左
● 公告の方法	同左
● その他政令で定める事項 ・宅地の評価方法 ・地積の決定方法 ・会計に関する事項　等	同左

　規準または規約の作成は、いろいろな事態を見越して十分慎重を期すべきですが、一方で地区の実情や特性に合わせて、具体的かつ詳細に決めておく必要もあります。これをなるべく簡略なものとするために、法令に掲げられた最小限の事項のみを規定し、あとは運営しながらその都度決めていけばよいといった安易な考えで作成されたものもたまに見られますが、後にそれが紛糾の種となることもありますので、他地区の例などを参考にして十分検討することが重要です。
　特に次の事項の決定には細心の注意が必要となります。

① 土地区画整理事業の範囲

　施行地区の範囲は事業計画から決まりますが、その結果は規準または規約にも反映されます。先述のとおり、十分な整備効果が期待できる範囲であることはもちろんですが、特に個人施行では事業の財源や換地計画等を視野に入れて確実に施行できる範囲とする必要があります。

② 費用の分担に関する事項

　事業の費用負担も事業計画で定める重要事項ですが、規準または規約にも明記されます。施行者負担金で賄うのか、保留地を設けてその処分金を充当するのか、補助金、公共施設管理者負担金等を受けるのかといったことを、地価の動向、事業期間等を勘案し、適正に決める必要があります。

　ちなみに近年既成市街地内で実施されている個人施行の事例をみると、早期の事業完了を優先し、施行者の負担金のみですべてを賄っているものが多くなっています。

③ 従前の地積の決定方法

　従前の宅地地積は、換地設計の前提となる、すなわち地権者が換地を受ける際の大本の数値となります。このため、これを決定するには細心の注意を払う必要があります。

　もっとも公平な決め方としては、すべての従前宅地について実測（一筆地測量）をすることです。しかしながら、実測に伴う境界査定に要する時間・労力が過大になることから、従来組合施行等の大規模な区画整理では、施行地区界のみを実測し、測量増減（いわゆる縄伸び、縄縮み）をおのおのの土地登記簿地積に按分することにより、決定することが一般的でした。

　個人施行であっても、このようなやり方はもちろん有効ですが、従前宅地数が少ない、地権者が少ない等の地区であれば、後々問題を生じさせないためにもおのおのの従前宅地について実測して決定することが望ましいでしょう。

④ 宅地および宅地について存する権利の価額の評価の方法

　従前の宅地および換地の価額の評価方法も、換地設計の前提となる重要な事項です。

　従来、組合施行等の大規模な区画整理では、通常施行地区から代表的な従前宅地を数点選び、それらについて不動産鑑定評価を取得したうえで、地区の施行前後の道路に路線価を付すことにより、取得した鑑定評価値と比較考量しておのおのの従前宅地、換地の評価額を決定する路線価式土地評価を採用してきました。

　しかし、既成市街地の場合は、用途・容積の要素が実際の宅地価額に大きく影響するにもかかわらず、路線価式土地評価ではこれらの要素を的確に反映することが困難な場合もあります。

　そもそも、区画整理ではさまざまな評価方法が許容されているにもかかわらず、路線

価式土地評価を採用してきたのは、従来の区画整理は大規模であるがためにすべての従前宅地、換地について不動産鑑定等を依頼すると、莫大な手間と費用が発生するからでした。

したがって、従前宅地数や地権者が少ない個人施行にあっては、すべての従前宅地、換地について鑑定等を依頼することも有効でしょう。

図表2.9　規約の例

○○○土地区画整理事業
規約

第1章　総則

（目的）
第1条　この規約は、公共施設の整備改善を行い健全な市街地を造成することを目的として、土地区画整理法（以下「法」という）により、地区内の宅地の所有権者または借地権を有する者（以下「地権者」という）4人が共同して土地区画整理事業（以下「事業」という）を施行するため、法第5条に規定する事項、その他必要な事項を定めることを目的とする。

（事業の名称）
第2条　事業の名称は○○○土地区画整理事業という。

（施行地区）
第3条　この事業の施行地区は次の地域とする。
　○○市○○町一丁目の一部

（土地区画整理事業の範囲）
第4条　この事業は事業計画およびこの規約の定めるところにより、次に掲げる事業を行う。
(1)　宅地の利用増進を図るため行う土地の区画形質の変更。
(2)　公共施設の整備改善を図るために行う公共施設の新設又は変更。
(3)　前各号の事業施行のため、若しくは土地利用促進のため、必要な工作物、その他の物件の設置、管理および処分。

（事務所の所在地）
第5条　この事業の事務所は○○市○○町○丁目○番○号、○○○○株式会社内に置く。

第2章　費用の分担

（収入金）
第6条　この事業に要する費用は、次の収入金をもってこれに充てる。
(1)　施行者負担金
(2)　寄付金および雑収入

第3章　役員

（代表者および監事）
第7条　この事業には、代表者1名および監事3人を置く。地権者が、これを互選する。

（役員の任期）
第8条　代表者および監事の任期は2年とする。ただし再任を妨げない。

（代表者の職務）
第9条　代表者は、この規約および別に地権者会議の同意を得て定める庶務規程の範囲内において工事施行、工作物の維持管理、金銭および物品の出納その他事業の施行に関する一切の事務を地権者の全員の同意を得て処理する。ただし、庶務規程に定める軽易な事項については代表者が専決できるものとする。

（監事の職務）
第10条　監事は、予め地権者会議の同意を得て定める監査要綱により毎事業年度少なくとも一回この事業の業務および財産の状況を監査し、その結果につき地権者会議に報告するとともに、意見を述べなければならない。

第4章　地権者会議

（地権者会議組織）
第11条　地権者会議は施行地区内の土地について地権者が全員をもって組織する。

（地権者会議の議決事項）
第12条　次に掲げる事項は地権者会議において地権者の全員の賛成を得て議決する。
(1)　規約の決定および変更
(2)　事業計画の決定および変更
(3)　事業の廃止および終了
(4)　換地計画
(5)　予算および決算
(6)　その他地権者が必要と認めた事項

（地権者会議の召集）
第13条　地権者会議は少なくとも年四回代表者が

招集する。
　地権者会議を招集するには少なくとも会議を開く２日前までに、会議の日時、場所および目的である事項を地権者全員に通知しなければならない。

第５章　会計
（経費の収支予算）
第14条　代表者は毎事業年度の収支予算および決算を調整し、地権者会議の議決を経なければならない。ただし、初年度においては事業の成立後遅滞なく地権者会議の議決を経なければならない。
２　代表者はこの事業の会計について、地権者会議で定める会計規程により、処理するものとする。
（工事の施行）
第15条　この事業の工事は、地権者会議にはかり直営または請負に附することができる。
２　代表者または監事は、工事の請負をすることができない。
（金銭の預け入れ）
第16条　代表者は、この事業の金銭を地権者会議で定めた金融機関に預け入れるものとする。
（事業年度）
第17条　この事業の事業年度は毎年４月１日から翌年３月31日までとする。
（出納閉鎖）
第18条　この事業の出納は、翌年度の５月31日をもって閉鎖する。

第６章　評価
（従前の宅地および換地の評価）
第19条　従前の宅地および換地の評価は、その位置、地積、土質、水利、利用状況、環境等を勘案してこれを評価し、地権者会議の議決を経て決定する。
（権利の評価）
第20条　所有権以外の権利（地役権、先取得権、質権および抵当権を除く。以下本条において同じ。）が存する宅地については、前条の規定により定めた従前の宅地または換地の評定価格を地権者会議の議決を経て定めた権利価格割合により、所有権価格および所有権以外の権利の権利価格に配分するものとする。

第７章　従前の宅地の地積の決定
（従前の宅地の地積）
第21条　換地計画において、換地を定めるために必要な従前の宅地の地積は平成○年○月○日〜○日現地立会により実測した地積とする。
２　従前の宅地の全部または一部に存する所有権以外の未登記の権利地積は法第85条の規定に準じて申告または届出の地積による。連署した書面をもってこれと異なる申出をした場合は、分割前の宅地の基準地積をその申出による割合であん分した地積とすることができる。
（所有権以外の権利の目的となる宅地の地積）
第22条　換地計画において、換地について所有権以外の権利の目的となるべき宅地またはその部分を定めるときの基準となる従前の宅地について存する所有権以外の権利の地積は、その登記のしてある地積（以下「登記地積」という。）または法第85条第１項の規定に準じた申告に係る地積（地積の変更について同条第３項の規定による届出があったときは、その変更後の地積とする。以下「申告地積」という。）とする。ただし、その登記地積または申告地積が当該権利の存する宅地の基準地積に符合しないときは、施行者がその宅地の基準地積の範囲内で定めた地積をもってその権利の基準地積とする。

第８章　仮換地および換地処分
（換地の基準）
第23条　この事業の換地は事業計画書として定めた換地設計の方針に従い前項の規定による従前の宅地の地積を基準として地権者会議の同意を得て定める換地規程に基づき処理するものとする。
（従前地の使用収益の停止）
第24条　代表者は工事施行のため必要ある時は、仮換地の指定前においても地権者会議の同意を得て、従前地の全部またはその一部の使用収益を停止することができる。
（換地処分の時期）
第25条　この事業の換地処分は法第103条第２項ただし書きの規定により、地権者会議の議決を得て施行地区内の全部について工事が完了する以前においても、換地処分をすることができるものとする。

第９章　清算
（清算金の算定）
第26条　換地清算に関して徴収または交付すべき清算金は、従前の宅地の評価額に対する換地の評定価額の総額の比を、従前の宅地の評定価額

に乗じて得た額と、換地の評定価額との差額とする。ただし、その地権者会議の議決により、清算を必要としないと認めた時はこの限りではない。
（清算金の徴収交付）
第27条 前条の規定による清算金を徴収し、または交付する場合においては、その期限および場所を指定して少なくともその期限の10日前に納入通知書または交付通知書を送付するものとする。

　　　第10章　雑則

（公告の方法）
第28条 この事業の施行に関する公告は、事務所に掲示して行うものとする。
（法第2条第2項の規定に関する事項）
第29条 法第2条第2項に規定する工作物その他の物件については、工事完了時あるいは、換地処分終了後の管理者に引き継ぐものとする。
（その他必要な事項）
第30条 この規約に定めるもののほか事業の施行に必要な事項は地権者会議の議決を経て定める。

(3) 諸規程の作成

　規準または規約は、個人施行の運営に関する事柄を網羅的に示していますが、図表2.9の規程の例にもあるように、その細則は別途定める諸規程に委ねることができます。

　一般に諸規程と呼ばれる主なものとしては、次表に示すものがあります。これらは必ずしもすべてを定める必要はなく、それぞれの地区の実情に合わせて取捨選択すればよいでしょう。もちろん、規準または規約で「別に定める○○規程・・・」と制定した場合は、その規程を必ず定めなければなりません。

図表2.10　諸規程の種類と内容

諸規程の名称	規定する内容
庶務規程	当該事業の組織、分掌事務等、業務を遂行するために必要となる事項を規定する
役員等の報酬および旅費規程	役員の報酬および業務により出張する場合の旅費等について支給する額、支給方法を規定する
会計規程	当該事業の会計事務の処理に関する必要事項を規定する
監査要綱	当該事業の監査機関が、事業の執行を監督し、および財産状況を検査するための必要事項を規定する
工事請負規程	当該事業が発注する請負工事について、必要となる事項を規定する
入札参加者資格審査基準	工事等の入札に参加する業者の合理的な資格基準を規定する
損失補償基準	当該事業執行に伴う損失に対して適正な補償の基準を規定する
土地評価基準	施行前後の土地の評価方法について、適正な基準を定める
換地規程	換地設計を行うために必要となる事項を規定する
保留地処分規程	保留地を定める場合にその取扱いや処分方法を規定する

4．事業計画案の作成

(1) 事業計画の概要

　個人施行においては、前出の規準または規約とここで述べる事業計画が施行認可の際の法定図書となり、事業を進める車の両輪になります。これらは施行認可を取得した後、事務所に備え付けて利害関係者からの求めに応じて閲覧等に供さなければなりません。

　そもそも、区画整理における事業計画とは、実施にあたり必要となる基本的な事項を網羅的に記述し、法に定める認可を得ることでその内容を地区内外の利害関係者等に明示するものです。よって、作成にあたっては、他地区の事例等に倣った機械的な記述に終始するのではなく、地域の将来像を明確にして地区の特性を十分に反映すること、区画整理以外の関連事業と連携を図ること、地域地区制度との調整を図ること、事業を一つの経営として捉え確実性の高い計画とすることなどが重要です。

　事業計画書は、
- 施行地区（施行地区を工区に分ける場合には、施行地区および工区）
- 設計の概要
- 事業施行期間
- 資金計画

から構成することが法により決められていますが、たとえば企業が新規事業を行おうとするとき、あるいは個人が独立開業しようとするときなどに作成する事業計画書と同様に、それぞれの記述には一定の説得力が求められます。このため、各種の調査や設計の成果をもとに地権者や関係権利者、行政等関係機関と協議を重ねたうえで、関係者が納得できる事業計画書を作成しなければなりません。

　街なかで行う個人施行の区画整理では、おおむね次のような流れで事業計画を作成します。

① まず、広域的条件と地権者の意向を踏まえながら施行予定地区を設定して、おおよその整備水準を設定すべく基本計画を策定します。

② 次に、建築物に関わる規制・誘導手法や建築設計との調整を図りつつ具体的な設計条件を固めながら、区画整理設計を進めます。

③ そして、工事費の積算等、事業費を算出するとともに、事業の財源を定め、減歩率等を計算します。

④ さらに、暫定的な換地設計を行い、予定した建築敷地と合致するか確認し、合致しなければ合致するまで②③を繰り返します。

⑤ 最後に、工事工程計画等を睨みながら、建築物を含めた事業スケジュールと年度別歳入歳出計画を決めて、事業が経営として成立しているかチェックします。

　つまり、街なかの個人施行の区画整理は、土地活用に用いるツールとして区画整理を使うことが多いので、建築物と組み合わせたプロジェクト全体の計画と連動しながら、

区画整理の事業計画を作成することになります。

　また、街なかでは事業計画の同意と換地計画の同意は表裏一体となることが常であるため、事業計画の作成と同時に換地設計を行う必要があります。しかも、土地の評価に収益還元的要素を反映しないと増進しないことも多いので、あらかじめ建築敷地を想定し、区画整理設計と同時並行的に建築設計も進めて当該建物から得られる収益を算定できるようにしなければなりません。そして、その結果を土地評価に反映し、計算した換地と最初に想定した建築敷地が一致するか確認します。一致しなければ最初に戻って建築敷地を想定し直してまた設計し、これが一致するまで繰り返すのです。

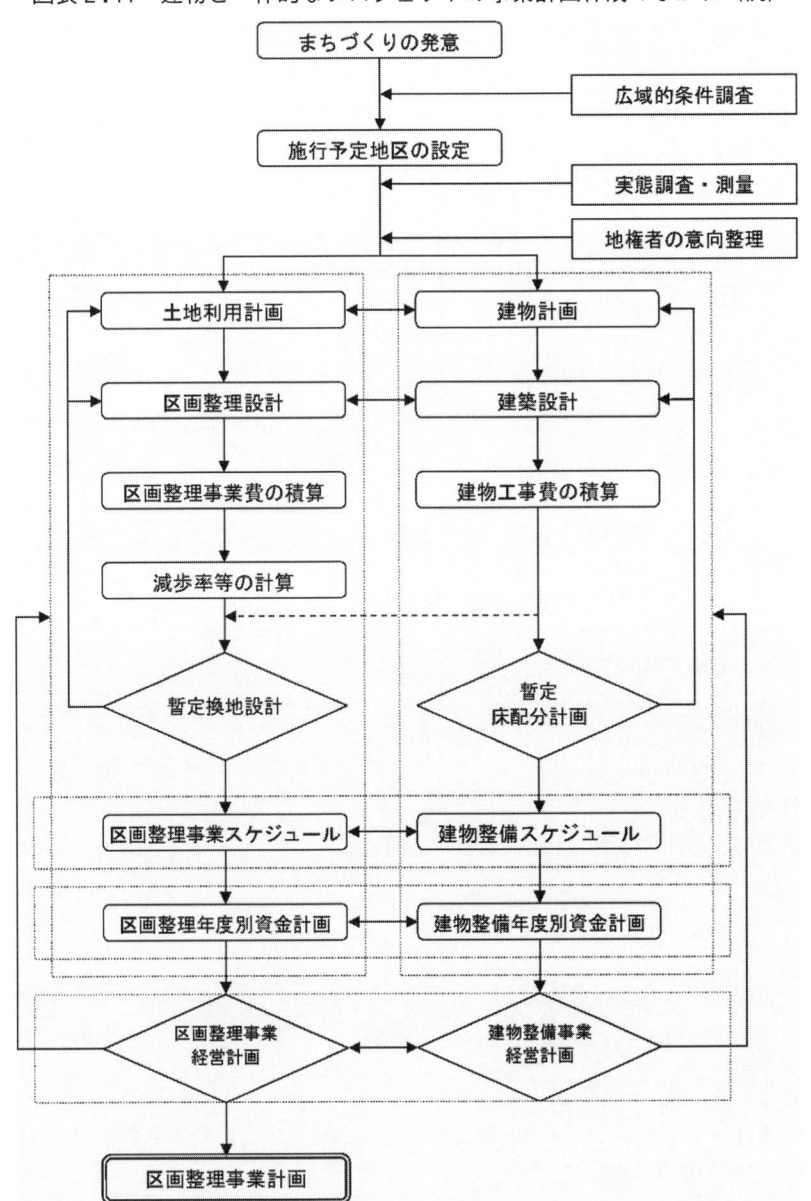

図表2.11　建物と一体的なプロジェクトの事業計画作成のながれ（例）

```
                   ┌──────────────┐
                   │ まちづくりの発意 │
                   └──────┬───────┘
                          │        ┌──────────────┐
                          ├────────│ 広域的条件調査 │
                          │        └──────────────┘
                   ┌──────┴───────┐
                   │ 施行予定地区の設定 │
                   └──────┬───────┘
                          │        ┌──────────────┐
                          ├────────│ 実態調査・測量 │
                          │        └──────────────┘
                          │        ┌──────────────┐
                          ├────────│ 地権者の意向整理 │
                          │        └──────────────┘
           ┌──────────────┐      ┌──────────────┐
      ┌───→│ 土地利用計画 │←────→│  建物計画   │←───┐
      │    └──────┬───────┘      └──────┬───────┘    │
      │    ┌──────┴───────┐      ┌──────┴───────┐    │
      │    │ 区画整理設計 │←────→│  建築設計   │    │
      │    └──────┬───────┘      └──────┬───────┘    │
      │    ┌──────┴───────┐      ┌──────┴───────┐    │
      │    │区画整理事業費の積算│      │ 建物工事費の積算 │    │
      │    └──────┬───────┘      └──────┬───────┘    │
      │    ┌──────┴───────┐             │            │
      │    │ 減歩率等の計算 │             │            │
      │    └──────┬───────┘             │            │
      │           └ ─ ─ ─ ─ ─ ─ ─ ─ ─ ─ ─┤            │
      │         ◇暫定換地設計◇        ◇暫定床配分計画◇
      │           │                    │            │
      │    ┌──────┴───────┐      ┌──────┴───────┐    │
      │    │区画整理事業スケジュール│←───│建物整備スケジュール│   │
      │    └──────┬───────┘      └──────┬───────┘    │
      │    ┌──────┴───────┐      ┌──────┴───────┐    │
      └────│区画整理年度別資金計画│←───│建物整備年度別資金計画│──┘
           └──────┬───────┘      └──────┬───────┘
                ◇区画整理事業経営計画◇←─◇建物整備事業経営計画◇
                          │
                   ┌──────┴───────┐
                   │ 区画整理事業計画 │
                   └──────────────┘
```

(2) 施行地区

　施行地区の設定の仕方については、本章２．(3)「予定する施行地区の設定」でも述べたとおりですが、施行予定地区を施行地区として事業計画に明示するにあたっては、その整備効果と事業の確実性を睨んで、あらためて総合的に判断して設定します。

　特に、街なかで行う個人施行の区画整理では、必ずしも明確な地形、地物で施行地区界を構成できるとは限らないので、事前に認可権者と土地区画整理法施行規則（以下、施行規則といいます。）第８条第１号ただし書きの適用（筆界、敷地界等での設定）についても協議しておきます。

　さて、そのようにして最終的に施行地区が定まったのであれば、事業計画書で施行地区について、位置に関する記述とその位置図、および施行地区が含まれる区域に関する記述と区域図で表示します。

　施行地区の位置に関する記述としては、母都市中心からみた方位的な位置、最寄りの鉄道駅等からの距離、地区周辺の状況、地区面積等を簡潔に記します。位置図は、施行規則第５条第２項により、縮尺１/30,000以上の都市計画区域、市街化区域を表示した地形図に施行地区の位置を表示することになっていますが、通常は都市計画図（都市計画法第14条の総括図）を用いて施行地区を明示します。

　また、区域に関する記述としては、施行地区内に含まれるすべての町・丁目名を表記します。区域図は、施行規則第５条第３項により、縮尺１/2,500以上の図面に施行地区の区域、その区域を表示するのに必要な範囲内で都道府県界、市町村界、市町村の区域内の町界または字界、都市計画区域界、市街化区域界、ならびに宅地の地番、および形状を表示します。

図表2.12　事業計画書（施行地区等に関する記述）の例

```
第１　土地区画整理事業の名称等
　１．土地区画整理事業の名称
　　　　東京都○○区○○地区土地区画整理事業

　２．施行者の名称
　　　　東京都○○区○○地区土地区画整理共同施行者
　　　　　　○○　○○
　　　　　　○○　○○
　　　　　　○○　○○
　　　　　　○○　○○

第２　施行地区
　１．施行地区の位置
　　　　本地区は、東京都○○区の南部にあるＪＲ山手線○○駅の東南約500mに位置する面積4,415m$^2$の地区である。
```

> 2．施行地区の位置図
>   別添『位置図』のとおり。
>
> 3．施行地区の区域
>   施行地区に含まれる区域の名称は次のとおりである。
>   東京都○○区○○町○丁目の一部
>
> 4．施行地区区域図
>   別添『区域図』のとおり。

(3) 設計の概要

　設計の概要は、区画整理の事業計画の中枢をなす部分で、施行者が区画整理設計をもとに関係機関との協議を通して、土地利用、公共施設、供給処理施設、造成等の計画を、設計説明書と設計図にまとめて示すものです。設計説明書には、施行規則第6条第2項により、次の内容を記載することが定められています。

- 土地区画整理事業の目的
- 施行地区内の土地の現況
- 減歩率
- 保留地の予定地積
- 公共施設の整備改善の方針
- 法第2条第2項に規定する工作物その他の物件の設置、管理および処分に関する事業または埋立てもしくは干拓に関する事業が行われる場合においては、その事業の概要
- 住宅先行建設区、市街地再開発事業区、高度利用推進区の面積

　ところで、設計の概要の設定に関する技術的基準は、施行規則第9条に示されていますが、公共施設の整備改善計画等はこれを踏まえつつ、画一的になることなく当該地区の土地利用計画に応じて立てることが重要です。

　また、地域の将来像を実現するという観点とともに、事業を経営するという意識をもって投資効果が最大となるような計画を立てることも大切です。特に街なかでは移転移設費の増大が事業の成立に大きな影響を及ぼすので、必要な機能を満たしつつ、いかに移転移設費を抑制するかも検討すべきでしょう。

　さらに、区画整理では施行地区内に既に計画決定された都市計画道路などがある場合、これを実現する計画を立てることが基本ですが、一方で街区の再編や敷地の集約を図ることも面的整備事業である区画整理の重要な役割であるため、必要に応じて既定の都市計画（たとえば都市計画道路の線形等）の変更を求めることも、関係機関との協議を進める中で検討してもよいでしょう。

　さて、このような基本的な考え方のもとで区画整理設計と関係機関協議を進め、その

成果を設計の概要として、項目ごとに以下のように設定します。

① 土地区画整理事業の目的

施行地区について当該事業をどのような目的で施行しようとするのか、どういう理由で区域を選定したか等を具体的に説明します。

図表2.13　事業計画書（土地区画整理事業の目的に関する記述）の例

第3　設計の概要
1．設計説明書
（1）土地区画整理事業の目的
　　本事業は、都心部の土地の有効利用、良質な都市環境整備の一環として、街区の再編と敷地の整序を行うことで、公共施設の整備改善と宅地利用の増進を図り、中心市街地の活性化に資することを目的とする。

---

② 施行地区内の土地の現況

母都市における位置づけ等の地区の特性、公共施設、供給処理施設の整備状況等を包括的に記し、地勢、地区内の人口および人口密度、土地利用状況、地価の現況等について簡潔に述べます。

図表2.14　事業計画書（施行地区内の土地の現況に関する記述）の例

（2）施行地区内の土地の現況
　本地区は、○○区の中心区域に含まれ、鉄道駅への利便性から北側隣接地域では高層オフィスビルの集積が進んでいる。
　本地区およびその周辺は、既に一定の基盤施設の整備がなされており、本地区の北西側が幅員10mの区道○○号に接しているほか、北東側および東南側がそれぞれ区道○○号および○○号（幅員3mおよび6m）に接している。また、地区の中央やや北西よりに幅員3mの区道○○号が縦貫している。供給処理施設は、施行地区内外のこれら区道に上下水道、電気、ガス等が完備されている。
　この道路より東南側は比較的大きな敷地の倉庫、中小規模の敷地の低層オフィスビル、駐車場等に利用されており、北西側は中層のオフィスビル、駐車場に利用されている。
　地区内に居住者は居らず、土地の平均価格は1,030千円/m^{2}である。

---

③ 設計の方針

施行地区の土地利用計画、人口計画、公共施設計画、公益的施設の配置等について、設定した設計の基本的な方針について記述します。

図表2.15　事業計画書（設計の方針に関する記述）の例

> (3)　設計の方針
> 　本事業では、別途施行する建築物整備事業と十分な連携・整合を図るものとし、道路については、従前2つの街区に分かれていた敷地を1つの街区とするために、区道○○号を付替えるが、建築物整備事業において敷地内を貫通する24時間開放通路を計画するなど、周辺住民の従前の利便性に配慮するものとする。また、地区内外への緊急車輌等の通行が可能となるよう、施行地区に接する区道○○号、○○号、および○○号の拡幅整備を行う。
> 　また、公園については、比較的近くに○○公園（面積約600m^2）があるうえに、建築物整備事業においても公共的空地が確保されるため、本事業においては設置しないものとする。
> 　既存の建物については、1棟を移転するものとするが、その他の建物は建築物整備事業にて撤去処分するものとして、本事業では計画しない。

④　施行前後の地積

　土地の種目別施行前後対照表は、施行前後の公共用地と宅地の動きを把握するためのもので、減歩率等を計算する基礎となるものです（図表2.16参照）。

　施行前については登記簿および台帳地積を記入し、施行後については区画整理設計の成果を記入します。施行前の公共用地に記入する数値は、法第7条によりその土地の管理者の承認を得たものを記します。保留地は、施行後の欄についてのみ後述する保留地の予定地積を記入し、測量増減は施行前の公共用地および宅地地積の合計と地区界測量による地区面積との差を施行前の欄についてのみ記入します。

　減歩率計算表は当該事業で地権者の土地をどの程度減らすことによって、この事業を成立させるのかを示すものです。よって、ここで算出する減歩率はあくまでも当該地区の平均値とはいえ、事業計画の中で地権者や関係権利者の関心が最も高いものです。

　施行前宅地地積は、土地の種目別施行前後対照表の施行前の宅地地積の合計面積を記入し、同更正地積は施行前宅地地積に土地の種目別施行前後対照表の測量増減の数値を加減したものを記入します。施行後の宅地地積の各欄も土地の種目別施行前後対照表の数値を記入します。次に、差引減歩地積のうち公共減歩地積は、施行前宅地更正地積から保留地を含めた宅地地積を減じた値を記入し、保留地減歩地積については予定する保留地の地積を、合算減歩地積については公共減歩地積と保留地減歩地積の合計を記入します。そして、公共減歩率は公共減歩地積を、保留地減歩率は保留地減歩地積を、合算減歩率は合算減歩地積を、おのおの施行前宅地更正地積で除して求めます。

　つまり、公共減歩率とは施行前後における公共用地の増加地積の施行前宅地更正地積に対する割合であり、保留地減歩率とは保留地地積の施行前宅地更正地積に対する割合です。合算減歩率とは公共用地の増加地積と保留地地積の合計の施行前宅地更正地積に対する割合をいい、通常単に減歩率という場合は、この合算減歩率のことを指します。

$$公共減歩率(\%) = \frac{(施行前宅地更正地積 - 施行後宅地地積)}{施行前宅地更正地積} \times 100$$

$$= \frac{公共用地の増加地積}{施行前宅地更正地積} \times 100$$

$$保留地減歩率（\%） = \frac{保留地地積}{施行前宅地更正地積} \times 100$$

$$合算減歩率（\%） = \frac{公共用地の増加地積＋保留地地積}{施行前宅地更正地積} \times 100$$

$$= 公共減歩率＋保留地減歩率$$

ただし、前述したようにここで計算されるのは当該地区の平均減歩率であって、個々の土地の減歩率や地権者別の減歩率は別途換地計算によって算出されます。

減歩率はこのようにして算出する関係上、相応に公共用地が整備されている街なかで行う小規模な区画整理では、新たに整備すべき公共用地が少ないので、保留地を設定しなければかなり小さな値となります。

図表2.16　事業計画書の例（施行前後の地積等に関する記載）の例

(4) 整理施行前後の地積
　イ) 土地の種目別施行前後対照表

区　分			施行前		施行後		備考
			面積 (m²)	割合 (%)	面積 (m²)	割合 (%)	
公共用地	地方公共団体所有地	道　路	194.00	4.39	395.00	8.95	
		公園緑地					
		その他					
	計		194.00	4.39	395.00	8.95	
宅地	民有地	宅　地	4,221.00	95.61	4,020.00	91.05	
		その他					
	計		4,221.00	95.61	4,020.00	91.05	
保留地			—	—	0.00	0.00	
測量増減			0.00	0.00	—	—	
合　計			4,415.00	100.00	4,415.00	100.00	

　ロ) 減歩率計算表

施行前宅地地積（実測更正後）A	施行後宅地地積（含保留地）E	減歩地積			減歩率		
		公共 P	保留地 R	合算 D	公共 q=P/A	保留地 r=R/A	合算 d=D/A
m²	m²	m²	m²	m²	%	%	%
4,221.00	4,020.00	201.00	0.00	201.00	4.76	0	4.76

(5) 保留地の予定地積
　　保留地　0 m²

事例紹介　東京都新宿区富久第二地区（平成11年11月～15年3月）		
地区面積：0.55ha	施行種別：同意一人施行	地権者数：4人

地権者のうちの1人が他の地権者の同意を得て施行したこの地区では、施行前の公共用地である水路の面積を区道の拡幅等に充てて施行前後で公共用地の増減をなくしています。

さらに保留地も設定せずに、事業費を同意施行者が全額負担したため、結果として減歩率0％の事業を実現しています。

区分		施行前		施行後	
		面積(㎡)	割合	面積(㎡)	割合
公共用地	道路	79.14	2.30%	79.14	2.30%
	水路	137.33	4.00%	137.33	4.00%
	小計	216.47	6.30%	216.47	6.30%
宅地		3,203.92	93.23%	3,219.96	93.70%
測量増減		16.04	0.47%	—	—
保留地		—	—	0	0.0%
計		3,436.43	100.0%	3,436.43	100.0%

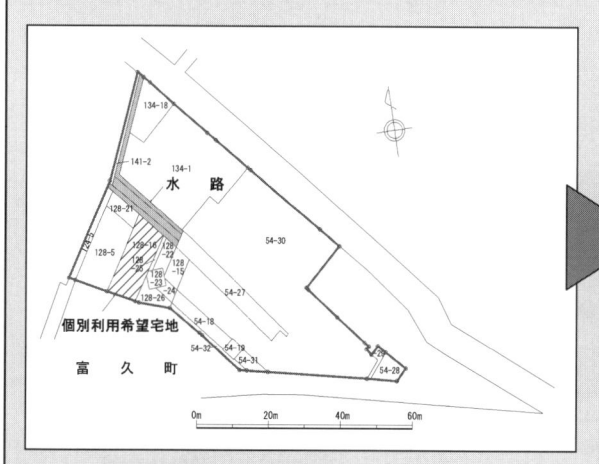

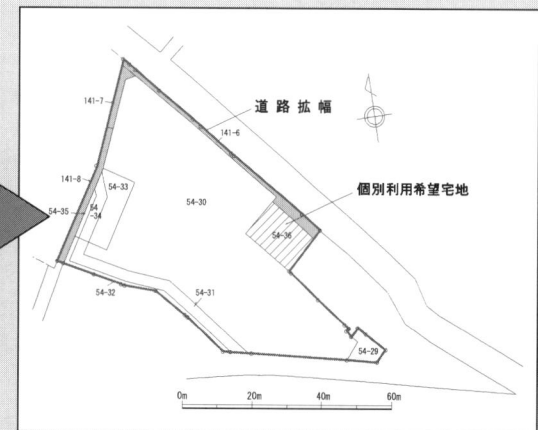

⑤ 保留地の予定地積

　個人施行では施行者負担金を事業の財源とすることが多いのですが、施行地区内に「保留地」という地権者に返さない土地を設定して、これを売却して得る保留地処分金を事業の収入に充当する場合もあります。この保留地の予定地積は、理論的には施行前後の宅地価額の総増加額（開発利益）を施行後宅地の1平方メートルあたりの予定価格で除して得られる面積（これを「取り得る保留地の最大地積」といいます。）まで設けることが可能ですが、通常は開発利益を地権者に還元する意味もあって、実際に設定する保留地の予定地積は事業費から補助金等の他の財源を差引いた額を施行後宅地の1平方メートルあたりの予定価格で除して求めます。

　逆に、取り得る保留地の最大地積に対する保留地予定地積の割合が低ければ、まだ事業に余裕があるものと見なされて、補助金等の助成の優先度が低いと考えられることもあります。

　ところで、厳密にいうと保留地は換地処分まではあくまでも保留地予定地です。したがって、その間の当該土地の所有権は従前土地の所有者のままであって、便宜上施行者がその管理権、使用収益権を有しているに過ぎません（個人施行の場合は、当該土地の所有者であって同時に管理者であることもあります）。

　とはいえ、事業の財源に充てるというその特性から保留地予定地は換地処分前に処分することが多いのも事実です。この場合、その譲渡契約は換地処分により所有権を取得することを停止条件とした売買予約契約となります（具体的には、換地処分の公告後、いったん施行者の土地として登記し、その後購入者へ所有権を移転登記します）。

　よって、購入者は換地処分まで保留地予定地の使用収益権を得ることに過ぎず、登記される所有権が無いので金融機関が抵当権を付けられないといった問題も生じますが、施行者が保留地証明書を発行することなどで対処している例もあります。

⑥ 公共施設の整備改善の方針

　既定の都市計画との関連や都市計画以外の主要な公共施設との関連等について記したうえで、当該事業で新設または改築する道路、公園、水路等の公共施設について、どの範囲をどのような仕様で整備するのかを記述します。

　先に述べたように、街なかで施行する区画整理では特に、この公共施設の整備改善方針を土地利用計画と対応させたものにすることが重要です。

　建築物と一体的に計画する区画整理では、たとえば道路の位置や幅員によって建築可能な建築物の高さや容積が決まることもありますし、逆に計画する建築物の内容（用途、容積等）によって道路の位置や必要な幅員を決めることもありますので、施行規則第9条第3号のただし書きの適用を含めて建築計画と綿密に連携し、十分に調整を図る必要があります。

　公園・緑地の計画にあたっても住居系の建築物なのか、非住居系の建築物なのか、周

辺を含めた土地利用の中で求められるオープンスペースはどういうものかを管理形態等も視野に入れ十分検討したうえで、施行規則第9条第6号のただし書きの適用を含めて、計画することが必要です。

　なお、既成市街地の低未利用地に係る小規模な区画整理（いわゆる敷地整序型土地区画整理事業）や大都市地域の市街化区域内農地等に係る区画整理などでは、上記の道路や公園に係る施行規則のただし書きが適用される可能性がありますので、認可権者と十分に協議しましょう。

事例紹介	東京都渋谷区代々木一丁目53番街地区（平成16年11月～19年3月）		
地区面積：0.55ha	施行種別：同意一人施行		地権者数：3人

敷地整序型土地区画整理事業として施行されたこの地区では、道路の拡幅とあわせて隣接地との土地の交換を行い、高容積の建築敷地を生み出しました。建築計画で総合設計制度が活用されており、質の高い管理ができる広場状空地を敷地内に設けることで、公園の設置に代えています。

区　分		施行前		施行後	
		面積	割合	面積	割合
公共用地	道路	0	0.0%	26	0.5%
	公園緑地	0	0.0%	0	0.0%
	小計	0	0.0%	26	0.5%
宅地		5,533	99.6%	5,527	99.5%
測量増減		20	0.4%	―	―
保留地		―	―	0	0.0%
計		5,553	100.0%	5,553	100.0%

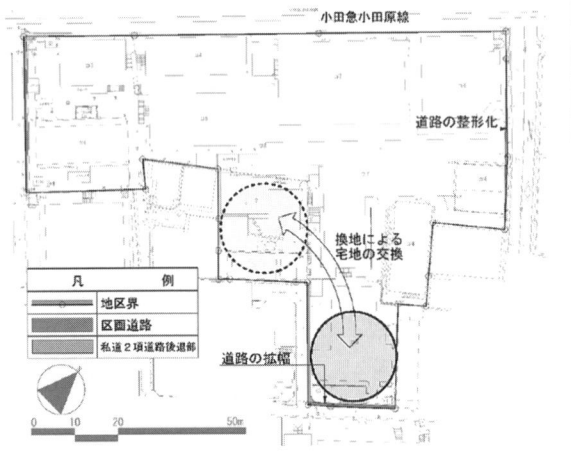

パース図提供：大成建設株式会社

事例紹介　大阪市梅田新道地区（平成17年10月～20年3月）

| 地区面積：0.24ha | 施行種別：一人施行 | 地権者数：1人 |

従前2つの街区を貫いていた市道（幅員約3.7m）を廃道し、1つの大きな街区を生み出すという典型的な敷地整序型土地区画整理事業ですが、この地区で特徴的なのは廃道した市道が露天神社への由緒ある参道であった点です。

廃道された参道は、従後総合設計による公開空地として、建物2層分を吹き抜ける幅約13mの貫通通路によって安全で豊かな祝祭空間に生まれ変わり、地域貢献と土地の有効高度利用を両立させています。

区　分	施行前 面積(㎡)	施行前 割合	施行後 面積(㎡)	施行後 割合
公共用地	315.11	13.3%	316.82	13.4%
宅地	2,050.06	86.7%	2,048.35	86.6%
保留地	─	─	0	0.0%
計	2,365.17	100.0%	2,365.17	100.0%

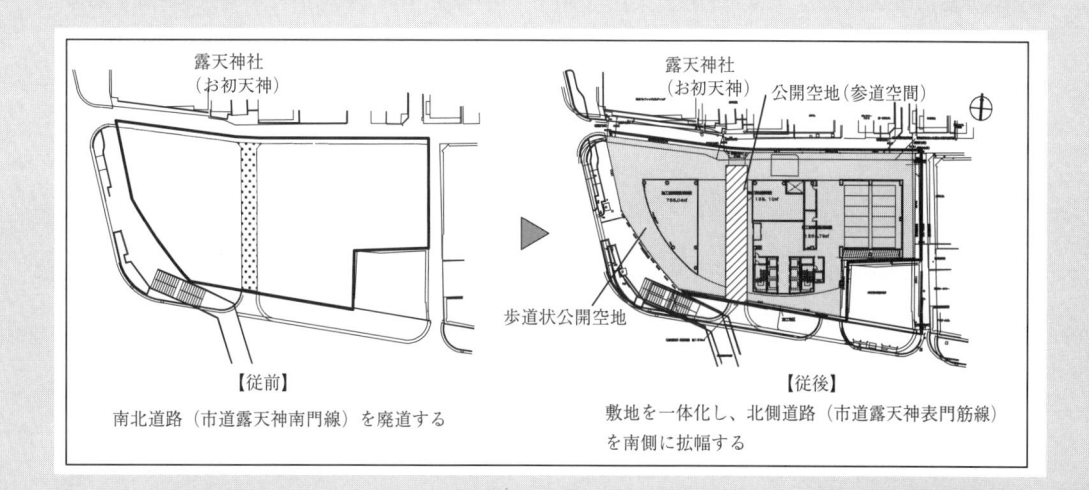

【従前】南北道路（市道露天神南門線）を廃道する

【従後】敷地を一体化し、北側道路（市道露天神表門筋線）を南側に拡幅する

⑦ 法第2条第2項に規定する事業の概要

　法第2条第2項の規定により、区画整理事業の施行のために必要な工作物、その他の物件の設置、管理および処分に関する事業等を区画整理事業とあわせて行う場合は、それらを区画整理事業に含めることができます。同様に、事業の施行に係る土地の利用の促進に必要な工作物、その他の物件の設置、管理および処分に関する事業等についても、区画整理事業とあわせて行う場合は、区画整理事業に含めることができます。

　ここでいう「事業の施行のために必要な工作物、その他物件」とは、多くの場合移転または除却する建物の居住者のための一時収容施設のことです。

　一方、「事業の施行に係る土地の利用の促進のため必要な工作物、その他の物件」とは、多くの場合上下水道、ガス、電気等の供給処理施設のことをいいます。これら供給処理施設については、この法第2条第2項該当事業として区画整理の中で整備するか、別途関連事業として区画整理とは別に整備するかを、それぞれの管理者等と協議して決めます。

　ここでは、これらの該当する事業の概要を表にするなどして簡潔に記述します。

⑧ 関連事業の概要

　当該事業の施行に関連のある、別途事業で整備される公共施設や公益的施設、または建築物整備事業等の概要がわかるように、簡潔に記述します。

図表2.17　事業計画書（公共施設の整備改善の方針等に関する記述）の例

(6) 公共施設整備改善の方針
　　イ) 地域地区等の指定
　　　本地区は、全域商業地域（防火地域）に指定されており、容積率600％、建ぺい率80％とされている。

　　ロ) 道路計画
　　　施行地区に接する区道○○号、○○号、および○○号については拡幅し、アスファルト舗装を施す。
　　　なお、区道○○号の歩道は、別途施行する建築物整備事業において公共的空地と同様な舗装を施す。

　　ハ) 公共施設別調書

区　分	名　称		形状寸法			整備計画	備考
			幅員(m)	延長(m)	面積(m²)		
道　路	区画道路	1号	4.0	57.6	222.00	アスファルト舗装	
		2号	1.3〜2.7	57.9	173.00	アスファルト舗装	拡幅
	計			115.5	395.00		
公　園					0.00		
	計				0.00		
合計					395.00		

(7) 土地区画整理法第2条第2項に規定する事業の概要

名　称	事業量	摘　　要
下水道	60m	合流式 φ400
上水道	60m	φ100
ガス	60m	

(8) 関連事業の概要

事業名称	敷地番号	敷地面積 (m²)	計画床面積 (m²)	計画容積率 (％)	専用面積 (m²)	適　　用
建築物整備事業	1-1	3,440	20,640	600	14,260	耐火構造、事務所ビル 地上13階、地下1階
	1-2	580	2,761	476	2,540	耐火構造、共同住宅(54戸) 地上12階
計		4,020	23,401	582	16,800	

(9) 換地設計の方針

　この事業の換地設計を行うに当たっては、別途規準の規定による地積を基準として、将来の土地利用を考慮し、合理的に換地することを原則とする。

⑨　設計図

　施行規則第6条第3項により、縮尺1/1,200以上の実測地形図を用いて、施行後における施行地区内の公共施設ならびに鉄道、軌道、官公署、学校、および墓地の用に供する宅地の位置および形状を、事業の施行により新設し、または変更する部分と既設のもので変更しない部分とに区別して表示します。

(4) 施行期間

　事業施行期間とは、事業を開始する日から事業が完成する日までをいい、個人施行では事業を開始する日とは施行認可の公告の日をいい、事業が完成する日とは清算金の徴収交付事務を含め事業のすべてが終了する事業終了認可の日をいいます。

　このうち、事業が完成する日の設定にあっては、工事工程や補助金、保留地処分金等の歳入計画を睨みながら適切に定める必要があります。

　もちろん、事業期間の長期化は金利負担や事務費等の増大を招いたり、ときに地権者間の足並みの乱れ等につながることもあったりと、決して好ましくありませんが、一方で希望的観測での安易な短期間の設定は無用な事業計画変更を繰り返すことになり、事業の信頼性を損なうため慎むべきです。

　また、建築物と一体的に施行する場合、公共施設の整備改善として道路等の工事を区画整理事業に含めると、建物の工事がある程度完了するまで区画整理事業の工事も終え

ることができず、結果的に施行期間が長期化することがあります。建築物の工事前や工事中に道路等の工事をしても、建築工事に使う重機等でせっかく整備した道路等を傷めてしまうからです。

　このような場合は、道路等の公共施設の整備改善に関し、区画整理では用地を確保するにとどめて事業を完了させ、実際の工事は後に続く建築物整備事業の中で道路法の手続きをとって行うことも、事業施行期間を短縮化させるひとつのやり方です。

(5)　資金計画

　区画整理の事業計画に記載する資金計画は、施行規則第7条に「収支予算を明らかにして定めなければならない」と規定されていることから、「収入予算」、「支出予算」、「年度別歳入歳出計画」から構成します。

　これらを作成する順番としては、まず区画整理設計の成果等をもとに、公共施設整備費、法第2条第2項該当事業費、整地費、および移転移設費等を合理的な基準により積算し、さらに事務費等のその他経費を加算して妥当性のある事業費総額、すなわち支出予算を設定します。特に従前の各建物を除却し更地にして、新たな建物を共同化する事業と一体的に施行する場合は、各従前建物の解体費用にばらつきが出ることもあるため、それを事業費に組み入れるのか、地権者各自の負担とするのかについて、あらかじめ地権者間で十分に話し合い明確にしておく必要があります。

　次に、その設定した事業費総額に対し、収入の確実であると認められる金額を収入予算として計上します。区画整理に要する費用は、施行者自らが負担することが原則とされているので、施行者負担金や保留地処分金を主たる財源としつつ、国庫補助金や公共施設管理者負担金等の助成制度も活用しながら収入予算を組みます（本章5.「事業の財源」参照）。

　個人施行では施行者負担金を主たる財源とすることも多いのですが、共同施行の場合はその分担の仕方について——誰かが代表して全額を負担するのか、それとも施行前宅地評価価額の割合等に応じて負担するのかなど——も地権者間で十分話し合っておくことが必要です。

　また、保留地処分金については、地価の動向等を十分に分析・検討して、実現可能な処分単価と処分面積を決めて算定する必要があります。地価が上昇傾向にあるときには、処分時期を見越して高めの処分単価を設定し、保留地減歩の低減を図りたくなるものですが、将来の地価を正確に予想することは大変難しく、非常に危険と言わざるを得ません。支出予算の積算を、現時点単価等をもとにして行うのですから、収入予算である保留地処分金も現時点の単価で算定すべきでしょう。むしろ、多少余裕のある処分単価を設定したいものです。

　補助金や公共施設管理者負担金などの公的資金については、できるだけ早い段階から関係機関と協議し、導入可能となる確実な額を明らかにする必要があります。

このようにして、全体の収支予算が定まったら、今度は事業スケジュールを睨みながら、いつの時期にどの程度の額を支出するのか、また収入はいつ、いくらの入金があるのかといった年度別歳入歳出計画を立てます。つなぎ資金として借入金が必要なときは、あらかじめ金融機関等と協議し、融資の可能性を確認したうえで、この年度別歳入歳出計画より、前年度借入金残高に対する利子計算を行います。そして、借入金利子の総額を算定して最初に求めた支出予算に加算し、収入予算、年度別歳入歳出計画を算定し直します。

なお、社会経済情勢から工事費が高騰したり地価が下落したりして、資金計画に支障が生じることもあり得ます。そのような場合は、当初に立てた資金計画に固執することなく、事業経営の観点から事業計画の変更を検討すべきです。事業計画の変更は、事業が進めば進むほど対処し得る選択肢が限られてくるので、絶えず資金計画をチェックして課題が生じたときには速やかに対応策を講じることが必要です。

図表2.18 事業計画書（資金計画に関する記載）の例

第5 資金計画書
1．収入

種別	金額(千円)	摘　要
補助基本事業費	0	
保留地処分金	0	
その他	509,448	施行者負担金
合計	509,448	

2．支出

区分		単位	数量	単価(円)	金額(千円)	備　考
公共施設整備費	道　路	m	55	67,855	3,732	幅員6m
	道　路	m	73	25,699	1,876	拡幅部
	計	−			5,608	
移転移設補償費	移　転	棟	1		380,970	RC造
	計	−			380,970	
その他工事費・利息・事務費等	宅地整地	m²	4,020	2,256	9,070	
	法2条2項該当	式	1		5,000	
	その他工事費	式	1		7,900	
	調査設計	式	1		60,500	
	借入金利息	式	1		0	
	事務費	式	1		40,400	
	計	−			122,870	
合　計					509,448	

3. 年度別歳入歳出資金計画表

(単位：千円)

区分		平成〇年	平成〇年	計
歳出	工事費	435,373	33,675	469,048
	事務費	20,200	20,200	40,400
	計	455,573	53,875	509,448
歳入	施行者負担金	455,573	53,875	509,448
	計	455,573	53,875	509,448
差引過不足		0	0	0
繰越金		0	0	0

5．事業の財源

(1) 施行者負担金

　個人施行の財源で最もポピュラーなのは施行者負担金です。これは、個人施行の区画整理が街なかの土地の入れ替え・集約を目的とした小規模な事業が多いことに起因して、比較的事業費が少なく施行者の負担が小さいこと、他の財源よりも事業完了までのスピードが確保されることが、その理由と考えられます。

　施行者負担金には、地権者が施行者となる場合の地権者負担金と、同意施行者が負担する同意施行者負担金があります。

　そして、共同施行の場合の地権者負担金は、一部の地権者が必要となる費用（事業費から補助金等を差引いた額）の全額を負担するケースと、従前土地評価額等の割合に応じて各地権者が負担し合うケースがありますが、後者が一般的です。

(2) 保留地処分金

　組合施行の主要な財源としては保留地処分金がありますが、個人施行であっても法第96条第1項に則り、「土地区画整理事業の施行の費用に充てるために、（中略）一定の土地を換地として定めないで、その土地を保留地として定めることができる」ので、その処分金を事業の財源とすることができます。

　しかしながら、近年街なかで行われた小規模な個人施行の事業では、保留地を設けた例は多くありません。この理由としては、小規模であるがゆえに保留地減歩による土地の目減りを地権者が忌避したことや、バブル崩壊以降の地価の動向から保留地を取得するリスクを負ってまで事業に参加する民間事業者が少なかったことなどが考えられます。

　とはいえ、保留地処分金で事業を賄うことができれば、資金調達の面から地権者の負担が減り、事業の成立性は高まるでしょうし、また景気の回復に伴い大都市都心部を中心に地価の反転も見られることから、今後は個人施行であっても保留地処分金を収入として計上する事業が増えるかもしれません。

　街なかの個人施行において保留地を設ける場合はあらかじめ処分先を決めておき、工事実施計画と借入金の返済計画を念頭に、いつの時期にどれほどの保留地を処分するのかを定める処分年次計画を作成したうえで、処分する保留地の地積、処分単価を慎重に検討する必要があります。

　なお、保留地の処分は、保留地処分規程を定め、それにもとづいて行うことが望ましいでしょう。

(3) 補助金

　区画整理事業に導入できる国庫補助制度には、一般会計による土地区画整理事業補助

(以下、「一般会計補助」といいます。)と道路整備特別会計による土地区画整理事業補助(以下、「道路特会補助」といいます。)の二つに大別されます。

組合施行等の区画整理では、道路特会補助を導入可能な場合は道路特会補助を活用し、それができない場合に一般会計補助の導入を検討しますが、個人施行の場合はその特性から道路特会補助の適用は稀なため、一般会計補助の適用を検討することが主となります。もちろん、両者の併用も可能です。

なお、補助の要件や内容等は、年度ごとに変わることもありますので、実際に導入を検討する際には、最新の情報にもとづいて行う必要があります。

1) 一般会計補助(都市再生区画整理事業)

区画整理に導入できる一般会計補助としては、都市再生区画整理事業における都市再生土地区画整理事業があります。これは、都市基盤が貧弱で整備の必要な既成市街地等において、都市基盤の整備と街区再編を行う事業への補助制度です。現在のところ、国の予算は道路特会補助に比べ少ないものの、国が街なかの再生・再構築に力を入れていることから、今後は予算額の伸びも期待できるでしょう。

都市再生土地区画整理事業は個人施行の事業も補助対象となりますが、その事業主体が3人以上の地権者からなる共同施行者、または民間事業者でない同意施行者に限られますので、注意する必要があります。

図表2.19 都市再生区画整理事業(都市再生土地区画整理事業)の補助要件(平成18年度)

事業主体	地方公共団体、土地区画整理組合、個人施行者(3人以上の地権者からなる共同施行者又は公的同意施行者に限る)、区画整理会社、都市再生機構、地方住宅供給公社、防災街区整備組合等
地区要件	○一般地区 　次の要件をすべて満たす地区 　　・直前の国勢調査DID内又は隣接地区 　　・市町村の都市計画に関する基本方針等法に基づく計画に位置づけのある地区 　　・施行前の公共用地率15%未満(幹線道路等を除く) ○重点地区 　一般地区の要件に加え、次のいずれかの要件を満たす地区 　[安全市街地形成重点地区] 　　＊密集市街地が対象なので省略 　[街なか再生重点地区] 　　以下のすべてを満たす地区 　　(イ)中心市街地活性化法の認定基準に合致する地区 　　(ロ)中心市街地活性化基本計画の目標の実現に大きく貢献する中核的な地区であり、都市機能導入施設の整備が行われる地区
面積要件	指定容積率(予定を含む)/100×施行面積≧2.0ha
補助対象	調査設計費、宅地整地費、移転移設費、公共施設工事費、供給処理施設整備費、電線類地下埋設施設整備費、減価補償費、公開空地整備費、立体換地建築物工事費、営繕費、機械器具費、事務費、公共施設用地取得費

補助限度額	限度額＝公共用地の増分の用地費×2/3 　　　　＋公共施設整備費（移転補償費を含む） 　　　　＋立体換地建築物工事費（共同施設の工事費を限度） 　　　　＋公益施設等用地上の従前建築物等の移転補償費 　　　　＋電線類地下埋設施設整備費 　　　　＋公開空地整備費
国の補助率	一般地区：1/3 重点地区：1/2

2) 道路特会補助

　都市の幹線道路を整備する観点から、地区内の都市計画道路を用地買収して整備することとして積算した額を限度に補助する制度で、区画整理事業に広く導入されているものです。

① 施行者別補助

　補助事業の種別としては、法第121条の規定にもとづいて行われる、いわゆる法律補助である公共団体等区画整理補助事業と、補助の根拠が予算措置によって行われる、いわゆる予算補助である組合等区画整理補助事業があります。

　個人施行の区画整理は、後者によって間接補助されますが、その交付対象は民間事業者でない同意施行者、または独立行政法人都市再生機構もしくは民間都市開発推進機構と共同して施行する民間事業者に限られるので、注意が必要です。

図表2.20　道路特会補助の交付対象

補助の種別	補助方法	交付対象		備　考
		補助事業者	間接補助事業者	
公共団体等区画整理事業	直接補助	都道府県、市町村、都市再生機構等		
組合等区画整理補助事業	間接補助	都道府県、指定市	個人、農住組合、土地区画整理組合、都市再生機構、地方住宅供給公社、区画整理会社	個人施行は、同意施行者（民間事業者を除く）、都市再生機構、民間都市開発推進機構と共同するものに限る

② 採択基準

　組合等区画整理補助の採択基準、補助基本額、補助率等については、図表2.21のようになっており、既成市街地内の事業では地区面積が2ヘクタール以上となっているので、個人施行の区画整理であっても採択される可能性はありますが、制度の主旨から都市計画道路の新設や改築を含む必要があることはいうまでもありません。

なお、都市計画道路が国道の場合は後述する公共施設管理者負担金の対象となるので、国庫補助対象となりません。

図表2.21　道路特会補助の採択基準

	採択基準	補助基本額	国の補助率
組合等区画整理補助事業	次のすべてを満たすもの ① 都市計画事業として施行されるもの ② 面積10ha以上。ただし、 　ア）既成市街地内（DID地区内およびDID地区隣接地区）で実施される事業 　イ）被災市街地復興土地区画整理事業 　にあっては2ha以上 ③ 街路事業の採択基準に適合する都市計画道路の新設又は改築を含む地区 ④ 補助基本額が3億円以上 ⑤ 施行後公共用地率が25％以上 ⑥ 20ha未満の地区にあっては用地買収方式事業費が総事業費の1/3以上	補助基本額＝ 土地区画整理事業費－負担金等控除額（公共施設管理者負担金、鉄道負担金、保留地処分金等） 【補助の限度額】 既成市街地内の土地区画整理事業にあっては8m以上の都市計画道路の用地買収方式事業費	1/2 （1/4：都道府県、1/4：市町村）

図表2.22　間接補助のイメージ（道路特会補助の例）

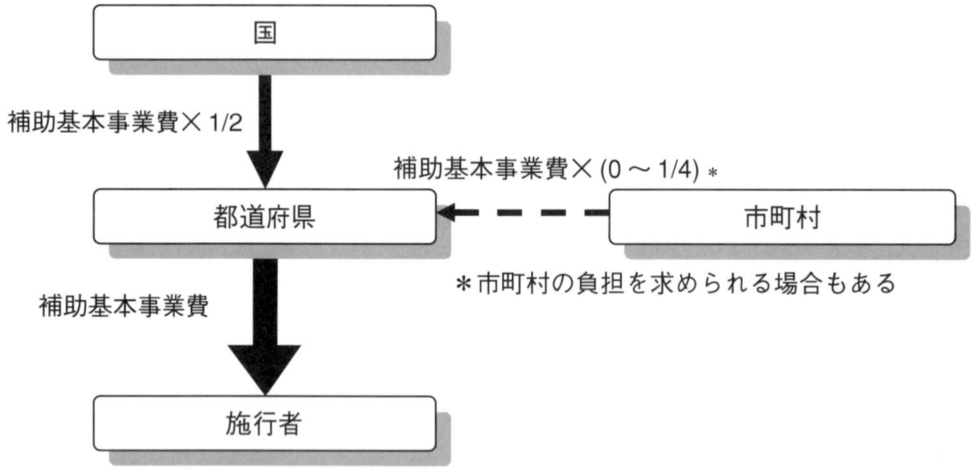

```
                    ┌──────┐
                    │  国  │
                    └──┬───┘
補助基本事業費×1/2    │
                        ▼           補助基本事業費×(0～1/4)＊
                    ┌──────┐     ┌──────┐
                    │都道府県│ ◄ ─ │ 市町村 │
                    └──┬───┘     └──────┘
                        │         ＊市町村の負担を求められる場合もある
補助基本事業費          │
                        ▼
                    ┌──────┐
                    │ 施行者 │
                    └──────┘
```

(4) 公共施設管理者負担金

1) 基本的な考え方

公共施設管理者負担金（以下、「公管金」といいます。）は、区画整理事業において幹線道路その他重要な公共施設の用に供する土地の造成を行う場合、これらの用地が減歩により生み出されることから、地権者の負担軽減を図るため、その公共施設の管理者が施行者の求めに応じて用地費相当分を負担する制度です。

公管金の対象となる施設は、用地を区画整理事業で確保し、工事は当該施設管理者が別途行います。

個人施行であっても、特に公的主体の関与や地権者数等の要件はないので、たとえ民間事業者が行う一人施行でも原則対象となりますが、実際の適用にあたっては当該公共施設の管理者にあらかじめ相談しておくとよいでしょう。

2) 限度額

公管金は、当該公共施設の管理者がその用に供する土地の取得に要する費用（用地費、補償費、事務費）の範囲内で、区画整理事業に要する費用の全部または一部を負担するものです。

> 公管金≦対象施設の用地費、補償費、および事務費
> かつ
> 公管金≦区画整理事業の総事業費－保留地処分金等

既成市街地では用地費が高いので、公管金は大きな額になりますが、区画整理の総事業費を超えて計上することはできません。

3) 覚書

当該公共施設の管理者に公管金を求めようとする場合は、その内容について覚書を取り交わしておくことが、事業の円滑な推進を図るうえで望ましいとされています。

覚書には、以下の内容を記載することが考えられます。

① 公管金の総額

当該公共施設の用に供する土地等を買収することとした場合における用地費、補償費、および事務費で、かつ区画整理総事業費から他の財源を差引いた額の範囲内で決めます。

② 負担の期間

区画整理の事業施行期間内で適切な期間を定めます。

③ 公共用地の帰属時期

　当該公共施設の用に供する土地は、法第105条により換地処分の公告の翌日において、その公共施設の管理者に帰属します。

④ 負担の方法

　各年度に当該公共施設管理者が負担する額とその支出の時期については、別途協定書を年度ごとに締結して定めます。

4) 協定書

　上記のように、施行者は覚書にもとづき当該年度の公管金の額、対応工事の内容、負担の時期、および清算方法等について、年度ごとに施設管理者と協定書を結ぶことが望ましいでしょう。

　なお、施設管理者が公管金を最初に支払う時期は、仮換地の指定の日、または仮換地の指定が確実に予定される日以降を目途とすることが望ましいでしょう。

(5) その他の財源

1) 地方公共団体の助成措置

　近年、地方公共団体の財政事情もあって、公共団体施行の区画整理よりも民間が行う区画整理を各公共団体が後押ししようとする傾向が強まっています。

　具体的な助成の仕方としては、条例、規則、要綱等を根拠として技術的援助にとどまらず、助成金や貸付金等の財政的援助、別途事業の施行による側面支援などさまざまです。

　これらは、組合施行ばかりでなく個人施行の区画整理であっても適用されることが少なくありませんが、あくまでも当該公共団体の毎年度予算の範囲内で助成することが基本となっているので、まずはそれぞれの地方公共団体の担当部署に相談するとよいでしょう。

2) 借入金

　施行者負担金で賄う事業であっても、手持ちの現金（自己資金）がない限り、地権者は借入金に頼らざるを得ません。

　また、保留地処分金を主たる財源とする場合も、保留地を処分するに至るまでの資金繰りを検討しなければなりません。保留地を処分できる状態とするには、先行して調査設計費や工事費等を支出することになるからです。同様に、補助金等の助成措置についても、制度上工事等を発注し、完了検査を行った後に入金されるので、工事等の着手金や中間金の支払いについてはつなぎ資金が必要となります。

　このため、事業スケジュールから毎年度の支出額、収入額を精査し、いつの時期にど

の程度の資金を調達しなければならないかを把握して、その調達方策を決める必要があります。

その際、各種の公的融資制度等を活用して、できる限り低金利の資金を調達すべきです。

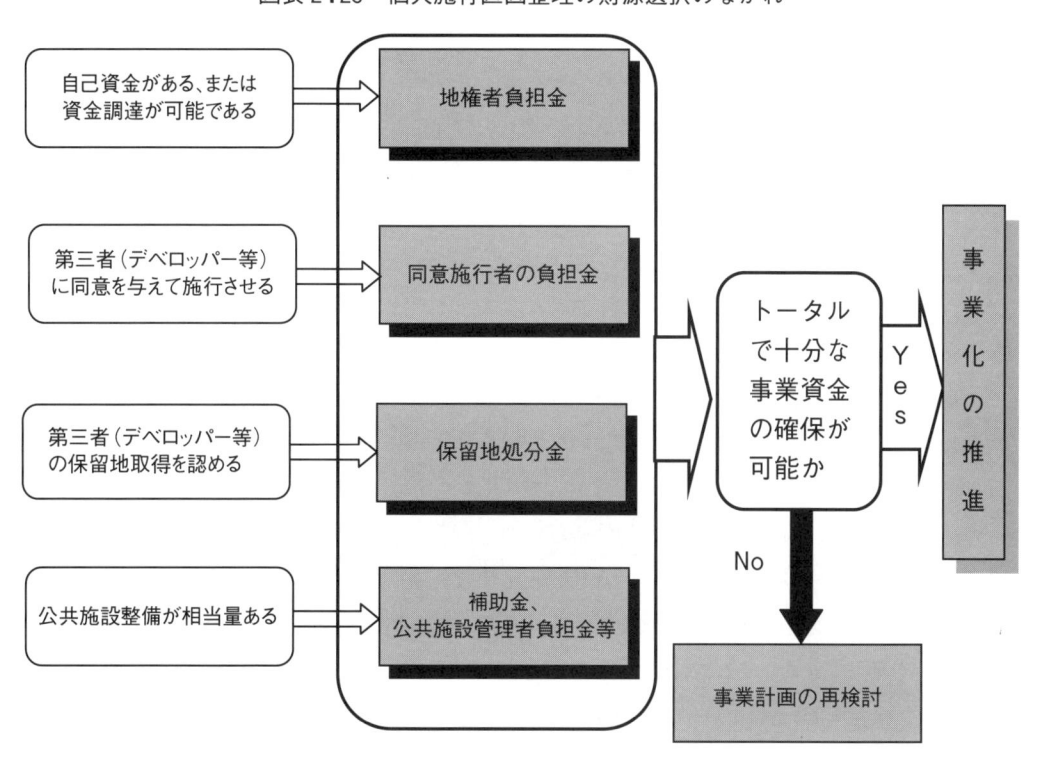

図表2.23　個人施行区画整理の財源選択のながれ

条件	財源
自己資金がある、または資金調達が可能である	地権者負担金
第三者（デベロッパー等）に同意を与えて施行させる	同意施行者の負担金
第三者（デベロッパー等）の保留地取得を認める	保留地処分金
公共施設整備が相当量ある	補助金、公共施設管理者負担金等

トータルで十分な事業資金の確保が可能か
- Yes → 事業化の推進
- No → 事業計画の再検討

コラム：個人施行区画整理と開発型不動産証券化

　これまで民間デベロッパー等が行ってきた都市開発事業の伝統的な資金調達方法としては、自らの企業としての信用を根拠としたコーポレートファイナンスによって金融機関等から資金を借り入れるというものでした。先述したように、街なかで個人施行の区画整理を活用する建物主体のプロジェクトにおいても、それは同様で地権者各自に手持ちの現金がない限り、地権者または同意施行者の信用力による借入金でプロジェクトを賄っていました。そして、その信用力の源泉は多くの場合、保有する土地のキャピタルゲインを当てにした担保能力でした。

　しかしながら、90年代にバブルの崩壊を経験して以来、金融機関等は土地の値上がり益を期待する融資を行わないようにしており、一般の地権者はもとよりデベロッパーですら、借り入れによる資金調達が難しくなっています。

　そうした中で、金融技術の発達に伴い、不動産という流動性の低い資産を小口化することで、資本市場で売却し易くして資金を調達する「不動産証券化」と呼ばれる手法が徐々に定着してきました。当初それは既に稼働中の不動産を対象に、その所有者（オリジネーター）からヴィークルと呼ばれる主体が当該物件の提供を受け、証券を発行することで投資家から取得資金を調達し、当該物件からの収益や当該物件の売却代金によって調達した資金を償還するという仕組みが主でした。しかしその後、未だ稼働している物件が無い段階から、すなわち都市開発事業の初期段階から、将来建設される物件の収益や売却代金を返済原資として、投資家から資金調達する「開発型不動産証券化」という仕組みも出てきました。

　そこで、この開発型不動産証券化を、街なかで個人施行区画整理を活用した建物主体のプロジェクトに適用できないものでしょうか。それができれば、資金調達能力の乏しい地権者もプロジェクトに参画し、実施することが容易となります。

　ところで、不動産に限らず証券を発行して資金を調達するには、その証券が本来的に持つリスクを抽出し、その対策を明確にする必要があります。開発型不動産証券化を導入する通常の建物プロジェクトにおけるリスクには、土壌汚染や埋蔵文化財の出現等による土地瑕疵リスク、開発許可、建築確認等の許認可リスク、近隣住民の建設反対運動等による近隣リスク、デベロッパーや建設業者等関係者の破綻リスク、何らかの理由により工事の完了が遅れる竣工遅延リスク、天変地異等の不可抗力リスク、予定した販売価格や賃料の下落といった市場リスク等があります。

　個人施行区画整理を活用する建物主体のプロジェクトに開発型不動産証券化を導入するには、これらのリスクに加え、合意形成リスクが大きな問題となります。逆に言えば、この合意形成リスクに係る対策を明示することができれば、通常のプロジェクトと同じように、個人施行区画整理を活用するプロジェクトにも開発型不動産証券化を導入することが可能となります。

　その対策として考えられるのは、土地瑕疵リスク、許認可リスク、近隣リスクに係る対策と同様に、合意形成リスクが無くなるか、無視できるほどに軽減されるのを待って証券を発行す

るという、ごく当たり前のものです。とはいえ、事業を進めるための調査・設計費等は事前に必要となりますから、ブリッジローンを活用し、その期間中に土地の調査や近隣対策を済ませると同時に、関係権利者の同意を取得して、施行認可や建築確認等の許認可を取得します。そして、その後に証券を発行すれば、ブリッジローンをリファイナンスすることができるので、リスクが証券に及ぶことを避けられます。

同意を得る際に事業計画に対する同意とあわせて換地設計の内容に対する同意を得ておけば、個人施行の区画整理では全員同意というその特性から、１人のオリジネーターによる通常の開発型不動産証券化プロジェクトと実質的に差がなくなります。

なお、個人施行の区画整理に導入する場合は、土地の所有権を地権者からヴィークルに移すことは少ないと考えられるので、多くの場合ヴィークルは借地権を取得するか、特定目的信託契約を交わすことになるでしょう。

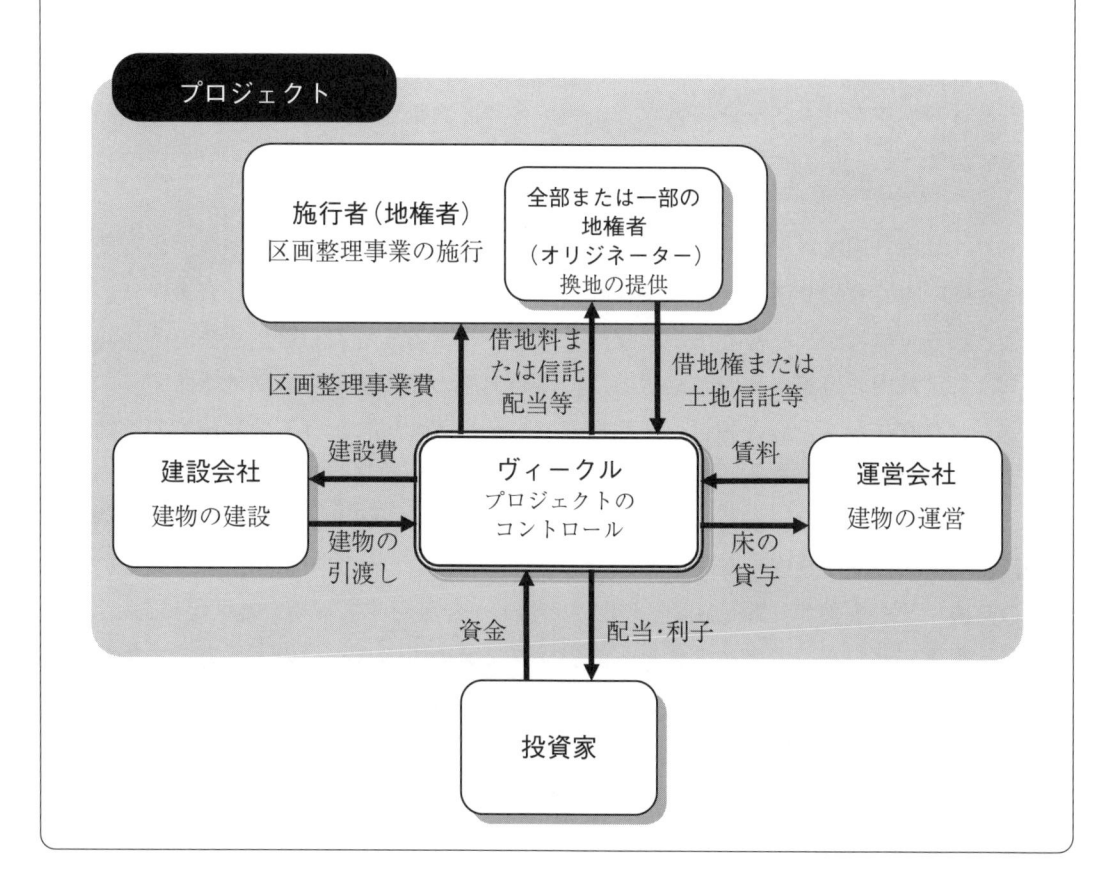

6．都市計画手続き

(1) 都市計画事業と非都市計画事業

　法にもとづく区画整理には、市街地開発事業として都市計画決定される事業と、民間の都市開発事業として任意に行われるものがあります。両者とも法定事業ではありますが、前者は都市計画事業として、後者は非都市計画事業――開発行為のひとつ[*1]――としてそれぞれ扱われ、施行主体や事業の進め方、助成の考え方等が異なります。

　公共団体施行、大臣施行、都市機構施行、公社施行の区画整理は都市計画に定められた施行区域内で行うことが法で規定されているので、おのずと都市計画事業として施行されますが、個人施行や組合施行の区画整理は施行区域外でも施行できるので、必ずしも都市計画事業とする必要はありません。

　また、施行区域は都市計画法第13条第1項第12号により、区域区分が定められている場合は市街化区域内に定められるため、公共団体等公的主体が市街化調整区域で施行することはあり得ません。一方、個人等民間が行う区画整理は市街化調整区域でも施行できますが[*2]、その場合は都市計画法第34条の開発許可基準を満たすことが必要となります。

　さて、都市計画事業とすることにより、道路、公園等の都市施設と一体的に市街地を面的に効率良く整備することが担保され、それを実現するための公的な資金が積極的に投入される可能性が高くなります。また、事業が始まるまで都市計画法第53条の規定により施行区域内の建築が制限されるので、事業実施の阻害要因を軽減できます。

　そうした意味から、個人施行の区画整理でも、当該地域における公共施設の整備状況や土地利用の状況を踏まえ、計画的な市街地を道路、公園等の都市施設と一体的に整備する必要があるときは、都市計画事業としての位置づけを得て、各種助成制度の積極的な活用など公的支援を仰ぐこともよいでしょう。しかし、一方で都市計画手続きには相応の時間を要するので、都市施設との関連が薄く、合意形成も容易な地区等にあっては、都市計画事業としないで事業のスピードアップに努めるのも一つの考え方です。ちなみに、これまで街なかで実施された個人施行の事例では、都市計画決定しない任意の事業が圧倒的に多くなっています。

　なお、都市計画事業として都市計画に定められる場合は、計画決定の手続き、決定後の都市計画制限などについては、当然のことながら他の都市計画と同様に扱われますが、事業の進め方、事業実施上の制限などは事業法である土地区画整理法に則って行われます。したがって、都市計画法第60条から第74条までの規定は、都市計画事業として施行する場合は適用されません。

＊1：都市計画法第29条第1項第6号にて、許可不要開発行為とされています。
＊2：市街化区域編入または用途地域指定を前提とする認可権者も多いので注意が必要です。

(2) 都市計画の決定事項

　都市計画法第12条により、区画整理を都市計画決定する際には次の事項を定めるものとされており、これらは計画書として様式に従いまとめられます。

① 市街地開発事業の種類、名称

　「○○都市計画事業○○土地区画整理事業」と記します。
　これにより、地域周辺に当該地区の街づくりを区画整理によって実施することを約束することになります。

② 施行区域、面積

　施行区域は添付する計画図によって示し、面積はヘクタール単位（小数第一位まで）で表記します。
　施行区域と施行地区の違いについては、本章２．(3)で述べたとおりですが、今日の区画整理では「都市計画決定＝事業実施」であることが多いので、都市計画で決定する施行区域と事業計画で定める施行地区は、同一であることが望ましいでしょう。
　ただし、施行区域を大きく定め、その中をいくつかの施行地区に分け順次整備していくという施行方法も考えられます。

③ 公共施設の配置、宅地の整備に関する事項

　区画整理の目的は、公共施設の整備改善と宅地の利用増進ですが、それをここで具体的に示します。
　公共施設の配置については、都市計画に定められている道路、公園等、および同時に定める予定のものについて種別、名称、幅員・延長または面積等を記します。また、その他の道路については標準幅員と配置の方針等を記載し、その他の公園等については標準規模、施行区域面積に対するおおむねの割合、配置方針等を記載します。
　宅地の整備に関しては、土地利用、街区の規模、宅地の整地等についての方針を記載します。
　このとき、設計概要図または市街化予想図を添付しますが、未だ施行認可等を得て決定したものではなく、あくまでも参考図であることを周知したいものです。

図表2.24　都市計画を表示する計画書の例

○○都市計画土地区画整理事業の決定（○○市決定）

都市計画○○○土地区画整理事業を次のように決定する。

名　称		○○○土地区画整理事業			
面　積		約○○．○ha			
公共施設の配置	道路	種別	名　称	幅員	延　長	備　考
		幹線道路	○・○・○号○○○線	○○m	約○○m	都市計画施設として決定済（S○．○．○決定）
		区画道路（幅員○m～○m）については、通過交通の排除、安全性の確保および生活領域の明確化がされるよう配置する。				
	公園および緑地	計画区域内に街区公園○ヶ所、緑道○ヶ所を配置し、面積については施行区域の面積の○％以上とする。				
	その他の公共施設	下水道は、○○市公共下水道により整備する。				
宅地の整備	土地利用	用途地域に整合した土地利用を図る。				
	街区規模	長辺○○m～○○○m、短辺○○m～○○mとして計画する。				
	宅地整備	道路計画および換地計画により高低差の生じる土地については宅地の整地を行う。				

「施行区域は計画図表示のとおり」

理由

　本地区は、○○市中心市街地より南西約○○m、○○線○○駅から東方約○○mに位置し、土地の大半が農地として利用されている。

　この区域は、東側に主要地方道があり沿道には商業施設等が建ち並び、既成住宅地にも隣接し、交通の利便性も高いことから周辺地域の市街化が進んでいる。

　そこで本事業の施行により、道路、水路、公園等公共施設の整備および秩序ある宅地化による健全な市街地の造成を図ることを目的とする。

(3) 都市計画を定める者と決定手続き

　区画整理を市街地開発事業として都市計画に定める者は、都道府県知事が基本となっていますが、都市計画法第15条第1項および同法施行令第10条第1号の規定により50ヘクタール未満のものは市町村が定めます。したがって、街なかで行われる個人施行の区画整理を都市計画事業とするときは、ほとんどが市町村によって決定されると考えてよいでしょう。

　区画整理を都市計画事業として決定するということは、以後の事業化を予定するものであり、同時に施行区域内の私権制限を伴うため、建築行為は許可を要するようになります。都市計画の決定にあたっては利害関係者の意向が反映されるように民主的な手続きが取られます（図表2.25参照）。

図表2.25 市町村が区画整理を都市計画に定める手続きの例

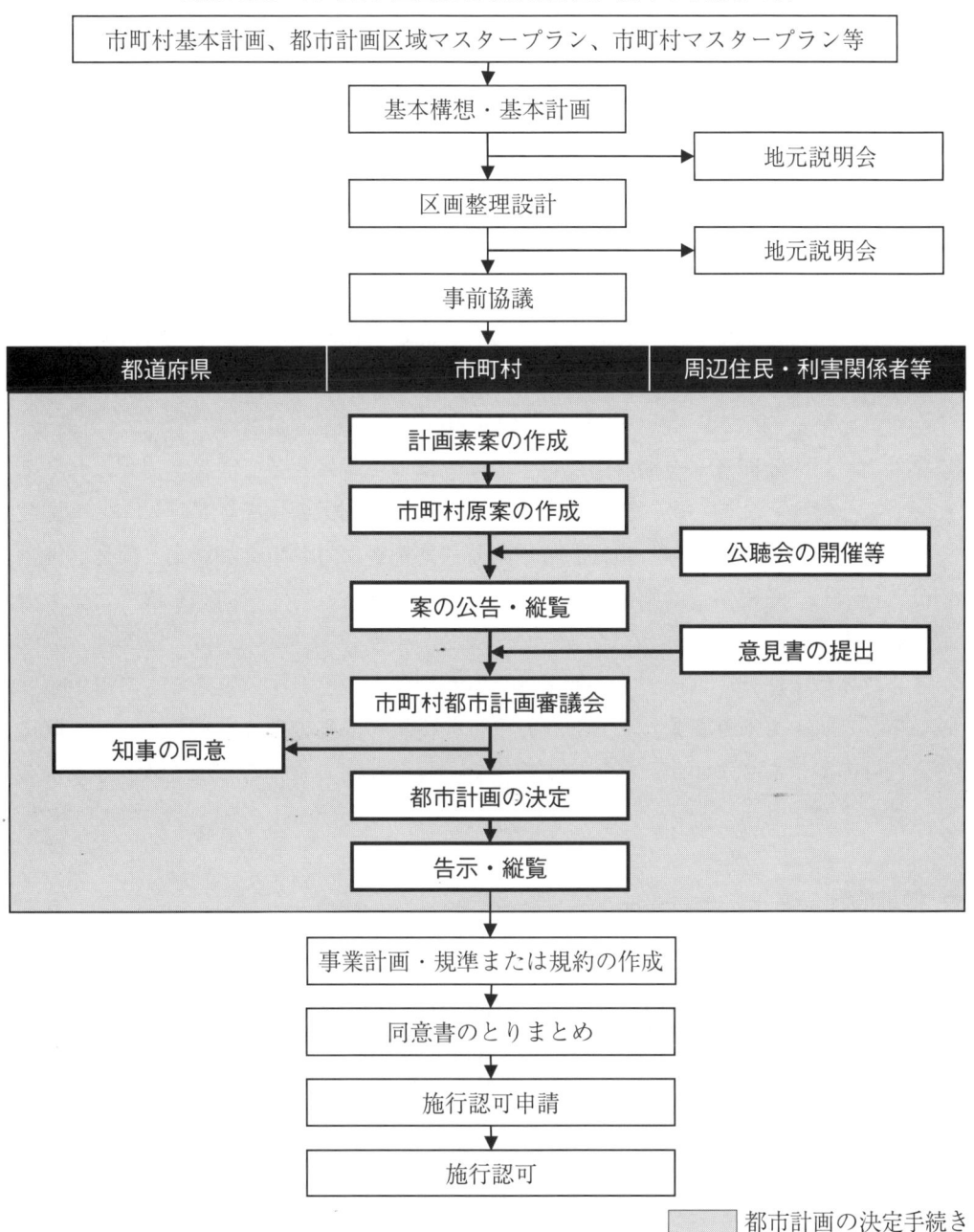

```
市町村基本計画、都市計画区域マスタープラン、市町村マスタープラン等
            │
            ▼
      基本構想・基本計画 ──────────▶ 地元説明会
            │
            ▼
       区画整理設計 ────────────▶ 地元説明会
            │
            ▼
        事前協議
```

都道府県	市町村	周辺住民・利害関係者等
	計画素案の作成	
	↓	
	市町村原案の作成 ◀──	公聴会の開催等
	↓	
	案の公告・縦覧 ◀──	意見書の提出
	↓	
	市町村都市計画審議会	
知事の同意 ◀──	↓	
	都市計画の決定	
	↓	
	告示・縦覧	

```
            │
            ▼
   事業計画・規準または規約の作成
            │
            ▼
       同意書のとりまとめ
            │
            ▼
         施行認可申請
            │
            ▼
          施行認可
```

■ 都市計画の決定手続き

7．換地設計

(1) 換地設計の意義

　換地設計とは、一定のルールに則って施行前の土地に対する施行後の土地（換地）の位置や形状、面積を定める作業をいいます。その成果は、そのまま将来の換地計画で使われるので、正確さが要求されます。このため、換地設計の基礎となる平均減歩率や増進率等も、工事内容を詳細に決める実施設計を行ったうえで精度の高い事業費を算定し、あらためて計算し直します。

　従来郊外で行われてきた組合施行による大規模な区画整理では、換地設計に関し組合設立の認可を取得した後に、工事に着手するための仮換地を指定する段階で行われてきました。しかし、街なかで行う小規模な個人施行では、地価が比較的高いこともあって、事業計画に対する同意と換地計画に対する同意は地権者にとって同義と捉えられることが多いようです。このため、施行認可申請前に事業計画案の作成と並行して、実施設計や換地設計を実施しておき、施行認可申請時に地権者に対し事業計画案と換地計画案を同時に提示し、その換地計画案を前提として事業計画案に対する同意を取得する方法が取られます。

　このことは、施行認可後すぐに仮換地指定ができるので、早い段階で工事着手が可能となるメリットもあります。こうした対応は、従来の区画整理でも必要に応じて取られてきたものではありますが、スピード重視の小規模な個人施行にとってはより重要な意味を持ちます。

(2) 換地設計

1) 換地設計の準備

① 現況区域重ね図の作成

　施行前の各土地の様子を把握するために、すでに実施しているはずの現況測量の成果（地形、地物のほか標高点や等高線が示された現況地形図）をもとに、現況区域重ね図を作成します。

　現況区域重ね図には地区界はもちろん、筆界、敷地界等も記入しますので、小規模な地区では一筆地測量を実施しておくと、正確な位置、形状等を記入できます。

　そのほか現況区域重ね図には、町丁界または字界とその名称、施行前土地の各地番、借地権等所有権以外の権利の目的となっている宅地およびその部分の位置・形状等も表示しておきます。

② 権利調査

　権利調査についてもすでに実施済みのはずですが、換地設計を始める前に今一度最新の情報をもとに、必要に応じて修正を加える必要があります。この権利調査の内容が換

地設計の基礎となるからです。
　調査の方法は、基本的に本章２．(9)3）で述べたことを踏襲しますが、個人施行では組合施行と異なり、区域を公告し借地権者の申告を促す機会がありませんので、借地権（特に賃借権）の有無については、各土地の所有権者が責任を持って申し出る必要があります。

2) 基準地積の確定

　換地設計を行うにあたり、まずその大本となる施行前の各土地の地積を決定する必要があります。決定した地積を基準地積といいますが、法令により規準または規約にその決定方法を示すことになっています。
　権利調査で明らかになった登記簿地積があるのに、なぜあらためてその地積を決定する必要があるのかと疑問に思うかもしれませんが、登記簿地積と実際の土地の面積とでは差異があることも多いので（その差異を「縄伸び」または「縄縮み」と呼ぶこともあります）、これを正す必要があるのです。
　もちろん、すべての土地について実測すれば事は簡単ですが、実測するにはその土地の関係者（隣接地を含めた全員）が立会い納得した境界点を確定する必要があります。
　従来郊外で実施されてきた大規模な区画整理では、その労力も時間も多大なものとなることから、一般的には地区界測量による施行地区面積から公共用地面積を差引いたものと登記簿地積の合計との差を各土地に按分する方法が取られてきました。しかし、基準地積は区画整理に関わる訴訟事例の中でもっとも多い訴因となっており、ましてや街なかの地価が高い地区ではなおさら、その決定方法には慎重を期すべきです。
　この意味から、小規模な個人施行では換地設計を円滑に進めるために、事前にすべての土地に対して一筆地測量を実施している事例が多くなっています。

3) 従前の土地図および整理後街区確定図の作成

　換地設計の基礎となる従前の土地図は、縮尺1/1,200以上（通常は1/500）で作成し、先に作成した現況区域重ね図から地区界、従前の土地および権利の位置・形状をトレースし、また地番、町丁界または字界とその名称を転記して、さらに決定した各土地および権利の基準地積を記入します。
　整理後街区確定図は、換地の割り込み作業を行うために通常縮尺1/500で作成し、実施設計および街区確定測量の成果をもとに街区点の点間距離、街区面積、街区番号等を記入します。
　従前の土地図と整理後街区確定図を重ねた図面を作成しておくと、換地設計上便利です。

4) 特別宅地等の取り扱い

特別宅地等とは、換地設計上一般宅地と区分して、特別な取り扱いをする宅地のことで、法第95条に規定されているものをはじめ、次表に示すようなものがあります。

図表2.26　換地上特別な取り扱いをする宅地等

所有者の申し出により住宅先行建設区に換地を定めるもの（法第85条の2）	
所有者または借地権者の申し出により市街地再開発事業区に換地を定めるもの（法第85条の3）	
所有者または借地権者の申し出により高度利用推進区に換地を定めるもの（法第85条の4）	
権利者の申し出または同意を得て換地を定めないもの（法第90条）	
位置・地積に特別な考慮を払うもの（法第95条第1項第1号〜第7号）	鉄道、軌道、飛行場、港湾、学校、市場、と畜場、墓地、火葬場、ごみ焼却場および防火、防水または防潮の施設等公共の用に供している宅地
	病院、療養所等、医療事業の用に供している宅地
	養護老人ホーム、救護施設等、社会福祉事業の用に供している宅地
	電気工作物、ガス工作物等、公益事業の用に供している宅地
	国、地方公共団体が設置する庁舎、工場、研究所、試験所等直接その事務または事業の用に供している宅地
	公共施設の用に供している宅地
	建築物その他工作物で構造上移転もしくは除却の著しく困難なもの、または学術上もしくは芸術上移転もしくは除却の著しく困難なものの存する宅地
	学術上または宗教上特別の価値ある宅地
区域内居住者の利便に供する宅地として換地を創設するもの（法第95条第3項）	
文化財等の移転する必要が無いように換地を定めるもの（法第95条第4項）	
保留地（法第96条）	

これらの宅地の取り扱いについては、減歩率等換地設計の内容に直接的に影響するので、換地設計に着手するまでに該当する宅地の所有者等と十分に協議し、適切な対応を講ずることが望まれます。

5) 土地評価

次に、施行前のおのおのの土地の評価がいくらで、これに対し事業の施行によって享受する開発利益を公平に配分すると、それぞれどれほどの評価の施行後の土地（換地）とするのが適切なのかを決める必要があります。

区画整理における土地評価は、土地取引のための評価あるいは課税目的のための評価等とは異なり、それぞれの土地や権利の価額を算出すること自体が目的ではありません。施行地区内のおのおのの土地および権利について、相互に均衡を図ることができれば事

足りることとなります。このため、通常は地区ごとに土地評価基準という一つのルールを定め、そのルールに従っておのおのの土地や権利を評価します。

　土地評価基準は、これまで大多数の地区で路線価式評価法という評価方法が採用されてきました。路線価式評価法というのは、道路に沿接する標準的な画地（評価の対象とする土地または権利の範囲）の単位面積当たりの価格である路線価を各道路に付し、その路線価をもとに当該道路に沿接するそれぞれの評価対象画地の奥行、間口、道路との位置関係、形状等の個別性による修正を行って評価するものです。

　一般に路線価式評価法は、理論的・科学的方法であるため評価者ごとに評価額に偏差が生じにくく、短期間に大量の土地を評価処理でき、さらに施行前後の土地や権利を同一時点で評価できるという利点がある一方で、事務的・一面的であるため市場の評価と必ずしも整合せず、特に既成市街地等の画地の収益性を適切に反映できないという指摘もあります。

　こうしたことから、近年街なかで行われた小規模な個人施行では、路線価式評価法を採用せず、画地ごとに不動産鑑定評価等*を取得する例が多くなっています。ただし、この場合であってもどの鑑定機関に依頼するのが公平なのか、また相応に費用もかかるので、いつの時点で依頼するのが適切なのかを十分に検討する必要があります。

　さらに、整理後の画地の評価条件をどうするのかも非常に重要になります。たとえば、共同ビルを計画するプロジェクトの場合に、土地の共同化を前提とするのか、それとも土地はとりあえず単独利用を前提としておくのか、あるいは当該土地の最有効使用の建物を総合設計制度の許可等による容積割増等を前提とするのか、などといったことをあらかじめ地権者間で十分議論して決めておかなければなりません。

　なお、不動産鑑定評価等は、原価法、取引事例比較法、収益還元法を併用して、求められた試算価格を調整し正常価格を求めるので、施行前後の各画地に対して、収益還元法に耐えられる程度の最有効使用の建物を計画する必要があります。

6）換地計算の方法と換地規程の策定

　さて、換地設計とは従前の土地に対して、整理後どこの位置にどのような形状でいくらの面積の土地（換地）を与えるかを定めることだというのは、先にも述べました。この換地を定める場合、法第89条により従前の土地の位置、地積、土質、水利、利用状況、環境などが照応するように定めなければならないとする、いわゆる照応の原則にもとづいて行うのですが、では実際にどのように照応の原則を実現するかまでは法令で具体的に規定されていません。

　そこで、おのおのの施行地区で照応の原則を実現するための客観的な基準を設けることを目的に換地規程（換地設計基準ともいいます。）を定めて、具体的な換地の計算方

＊鑑定評価とは、現に存在するものに対する評価であるのに対し、ここでは整理後の画地に対する評価を含むことから、鑑定評価等としました。

法、換地割り込みの考え方等を示すことにしています。

　換地計算の方法は、大きく評価式、地積式、折衷式と三つに分かれ、それぞれに一長一短がありますが、地積式や折衷式はそれまで道路等の公共施設が少なかった地区において公共施設整備の負担を各土地に求める方法であるため、街なかの区画整理ではあまり適しているとはいえません。逆に評価式は清算金の発生を少なくする効果があるので、地価の高い街なかの区画整理においては今日ほとんどの地区に採用されており、個人施行であっても例外ではありません。

　評価式換地計算は、比例評価式換地計算とも呼ばれ、その名のとおり従前の宅地と換地の総評定価額の比を、各従前宅地の評定価額に乗じて換地の権利価額を算定する計算方法で、いわば開発利益をそれぞれの従前宅地に比例配分し換地の価額を決めるという、理論的に多くの人の理解を得やすいものです。

図表2.27　換地規程の例

○○市○○土地区画整理事業
換地規程（案）

（目的）
第1条　この換地規程は、○○市○○土地区画整理事業規準（以下「規準」という。）第○条の規定により換地設計について必要な事項を定めることにより、適正に換地の設計を行うことを目的とする。

（定義）
第2条　この規程において換地設計とは、土地区画整理法（以下「法」という。）および事業計画に定める公共施設と宅地の整備計画に適合するよう、この規程にもとづき換地の位置、地積、形状を定めることをいう。
2　この規程において画地とは、従前の宅地または換地をいい、従前の宅地または換地について使用し、または収益することのできる権利が存する場合は、それらの権利で区分される従前の宅地または換地の部分をいう。

（換地設計の基準時点）
第3条　換地設計は、本事業の施行認可の公告の日現在における画地の状況を対象として行う。

（整理前の画地の地積）
第4条　換地設計を行うための基準となる画地の地積は、規準第○条の規定するところにより定める。

（従前の宅地と換地の対応）
第5条　換地は従前の宅地一筆について1個を定める。ただし、従前の宅地が画地によって区分されている場合は、画地の相隣関係を考慮して整理前の画地1個について整理後の画地1個を定めるものとする。
2　所有者を同じくする2以上の宅地のうち、地積が小であるため1個の換地を定めることが不適当と認められる宅地については、他の宅地に隣接または合併して換地を定めるものとする。
3　既登記の所有権以外の権利等が存しない数筆の宅地が隣接し、それらの利用状況が一筆の宅地と同様であると認められる宅地については、それらの宅地を合わせて1個の換地を定めることができる。
4　従前の宅地の地積が著しく大であるためまたはその他の理由により一筆の宅地について1個の換地を定めることが困難または不適当であると認められる宅地については、数個の換地を定めることができる。

（換地計算の方法）
第6条　換地設計における画地の計算は、評価式換地計算法によるものとする。ただし、これにより難いものについては、この限りでない。

（換地の位置）
第7条　整理後の画地の位置は、整理後の土地利用計画にしたがって、整理前の画地の相隣関係および土地利用を考慮して定めるものとする。
2　前項の規定にかかわらず、土地所有者の申

出または同意により一体的な土地利用をする画地については、法第89条に規定する照応の原則について特別の考慮を払い換地を集約して定めることができる。
(換地の地積)
第8条　整理後の画地の地積は、次式により算出した地積を標準として定めるものとする。

$$Ei = \frac{Ai.ai(1-d)y}{ei}$$

ただし Ei＝整理後の画地の地積
ei＝整理後の画地の平方メートル当たり指数
Ai＝整理前の画地の地積
ai＝整理前の画地の平方メートル当たり指数
d＝一般宅地の平均減歩率
y＝一般宅地の宅地利用増進率

2　この規程において特別の定めをする画地、その他土地利用の継続のため特に必要があると認められる画地については、その利用状況を勘案して、整理後の画地の地積を定めるものとする。
(換地の形状)
第9条　整理後の画地の形状は長方形を基準とし、整理前の画地の形状を考慮して定める。ただし街区の形状、または他の画地との関連等において特別の考慮を必要とするものについては、この限りでない。

2　整理後の画地の間口長は、整理前の画地の利用状況および整理後の画地の土地利用を勘案して定める。その際、建築基準法第43条(敷地等と道路との関係)、および○○県建築安全条例第○条、および第○条に規定する宅地の最小間口長に抵触しないように定めるものとする。

3　整理後の画地は、道路に面するとともにその側界線は道路境界線に直角になるように定めることを原則とする。
(特別の宅地の措置)
第10条　土地所有者(従前の宅地について使用収益権が存する場合には、使用収益権者を含む。)の申し出、または同意により、法第90条の規定により換地を定めないことができる宅地は、同法の規定により換地を定めないものとする。

第11条　法第90条の規定に基づく土地所有者の申出または同意があった従前の宅地については、換地を定めない。

2　次の各号に掲げる宅地で、同条6号の規定に該当するものについては、換地を定めないものとする。
(1) 道路法に規定する道路の用に供している宅地
(2) 土地登記簿の地目欄に、公共施設を表示した地目が記載されている宅地で、現に公共の用に供しているもの
(3) 公衆の通行の用に供している宅地、またはその部分で、街路の構造、または舗装等の工事を地方公共団体が施行したもの
(4) その他公衆の通行の用に供している宅地、またはその部分で、当該道路、または通路の幅員が2.7メートル以上であり次に掲げるもの
　ア．建築基準法第42条第1項第5号に掲げる道路の指定を受けているもの
　イ．建築基準法第42条第2項、または第3項の規定により、特定行政庁の指定を受け道路とみなされているもの

第12条　(評価基準)
整理前後の宅地の評価は、別に定める評価基準にもとづき、これを定めるものとする。

第13条　(議長への委任)
この規程に定めてあるもののほか、換地に関し必要と認める事項は、地権者会議の議を経て議長が決めるものとする。
(附則)
この規程は、平成　　年　　月　　日より施行する。

7)　換地設計の作業

換地計算により従前宅地に対する換地の権利価額が求められたら、どの位置にどのような形状の換地を与えるのかを、街区確定図上で決めていきます。この作業を換地割り込みといい、整理後の土地利用計画にしたがって、整理前の画地の相隣関係と土地利用

を考慮して定めます。

　たとえば、まず整理後に建物の共同化を図る土地の一団と個々に利用する土地の一団に区分し、整理前街区と整理後街区の重なり方、従前宅地の並列順序等を踏まえて、従前角地は換地も角地に、移動が困難な施設や宅地は原位置にといった具合に、位置、形状が比較的容易に定まるものから先に定めて順次周辺を決めていきます。この際、商業地などでは特に土地利用上、間口の長さが非常に重要なポイントとなるので、従前宅地の間口長との関係が各換地間で不均衡を生じないように留意する必要があります。

　ただし、街区の再編、敷地の集約化による土地の有効利用を事業の主たる目的とする街なかの個人施行では、関係する地権者の合意が得られれば、いわゆる飛び換地とするなど、必ずしも原位置にこだわる必要はありませんし、土地の共同利用を前提として合意の下で短冊換地[*1]とする場合は、上記のような原則的な割り込みをする必要もありません。

　また、高度利用推進区を定める場合は、当該区域内の一筆共有化[*2]も選択により可能です。

8) 換地設計の決定手続き

　換地設計は施行者の権限で行われますが、地権者の合意が得られるような内容でなければその後の事業が進みません。

　特に個人施行の区画整理では施行認可後、仮換地指定を行う際に地権者の同意が必要となります（法第98条第3項）。

　そのため、換地設計を行うにあたっては各地権者の意向を確認し、できる限りその意向にそった換地設計を行うことが重要です。意向の確認はヒアリングのような方法でも、アンケートでも構いませんが、必ずすべての地権者の意見を漏れなく聞くことが大切です。

　そうした意向調査の結果を受けて換地設計に入りますが、複数の地権者が相反する要求をしているような場合は、すべての地権者の意向に合わせた換地設計を行うことは困難です。そのような場合には、原則に則った公平な設計を行い、各地権者と十分な調整を行うことが必要となります。

　そのうえで、換地設計の結果を各地権者に説明し、同意を得ます。その方法としては、一定の場所で一定の期間内容を開示し、施行者が説明するような方法もありますが、人数が少なければ一度に説明会を開いても構いませんし、施行者が各地権者を訪ねて説明する方法でも構いません。

---

　*1：各換地の間口を極小にして帯状に換地して、物理的に将来とも土地・建物の共同化の継続を約束させる換地の仕方をいいます。
　*2：複数の土地所有者の従前の土地を個々に換地するのではなく、一筆の土地にまとめ、各所有者には共有持分を与えることをいいます。

そのような説明を行っても地権者の同意が得られない場合は、当該地権者の意見を聞いて、設計の変更が可能であれば対応しますが、その内容が他の地権者との公平を欠いたり、原則から大きく逸脱したりするような場合は変更ができない旨を説明し、納得してもらうように努めます。

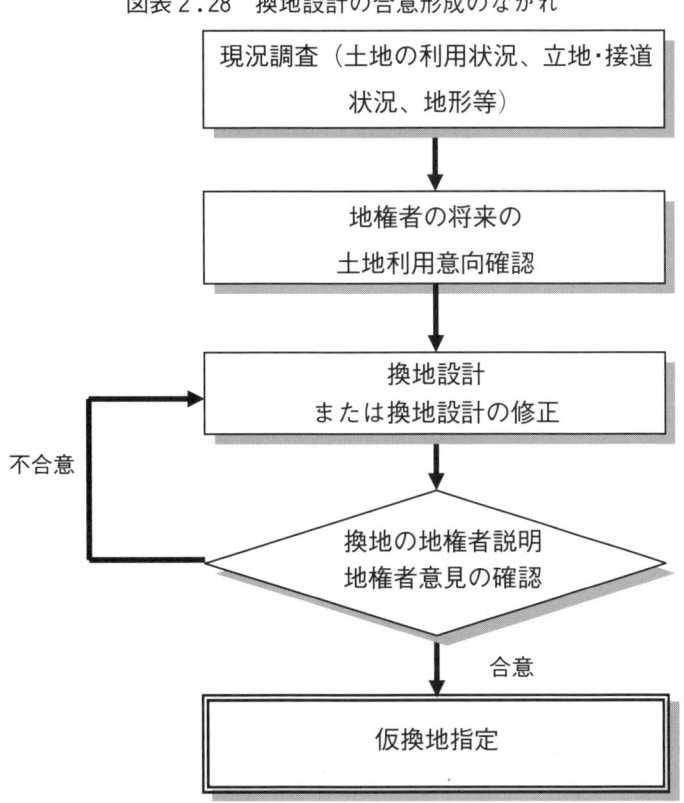

図表2.28　換地設計の合意形成のながれ

```
現況調査（土地の利用状況、立地・接道
         状況、地形等）
              ↓
        地権者の将来の
        土地利用意向確認
              ↓
   ┌──→ 換地設計
   │    または換地設計の修正
   │          ↓
   │    ＜換地の地権者説明
 不合意   地権者意見の確認＞
   │          ↓ 合意
   │      仮換地指定
```

8. 事前協議

(1) 事前協議の意義

　区画整理設計が進み、事業計画の素案ができる段階になったら、関係する機関と事前協議を行います。事前協議自体は、法令に定められているわけではありませんが、認可手続きとして義務付けている認可権者も多いようです。これは何も認可権者の都合ばかりではなく、以下に述べるように施行認可を申請する側にとっても良いことですので、認可権者の指導がなくても申請する側から積極的に行いたいものです。

　認可申請書には事業計画に対する関係権利者の同意書を添付しますが、申請後に事業計画の内容に何らかの不都合があって、そのままでは認可されないため修正が必要となった場合は、修正した事業計画に対して再度関係権利者の同意を取り直す必要があります。そして、その取り直した同意書を添付して、また申請しなおさなければならず、大変非効率です。そうした事態を避けるために、前もって協議すべき事項を明確にして、当該事項の関係機関と十分に協議し、関係者全員が納得できる事業計画書を作成してから認可申請すべきなのです。

　なお、事前協議の窓口は当然、認可申請書の受付窓口である市町村の担当部局になりますが、認可権も都道府県知事から市町村に移譲していることがありますので、あらかじめ確認しておきましょう。　　　　　　　　　　　　　　　　　【様式2-12参照】

(2) 事前協議の内容

　事前協議の内容は、区画整理の認可――すなわち規準または規約および事業計画の内容――に関することをはじめ、道路、公園・緑地、河川、上下水道、ガス、電気・電話、交通、消防、その他必要に応じて都市計画の決定・変更、環境アセスメント、農地や教育施設、埋蔵文化財の取り扱いなど、大変多岐にわたります。また、建築物と一体的に整備するプロジェクトの場合は、図表2.29に例示するように建築物に関する協議も並行して進める必要もあります。これらを認可申請者は包括的に協議し、必要に応じて事業計画等を修正し、関連する他の機関と調整を図りながら、事前協議書を認可申請書に移行できる段階までまとめていきます。

　この際、従前の公共施設の取り扱いについては後述するように、施行地区に編入することに対し当該施設の管理者の承認を取得しますが、新設する公共施設については、事前協議の段階ではその内容を、道路であれば幅員・延長程度であったり、あるいは公園であれば箇所数と面積程度であったりと基本的な事項にとどめることも多いようです。

　しかし、スピードを何よりも重視することが多い個人施行の区画整理では、認可後速やかに工事に着手したいので、この段階から実施設計を進め、施設構造物の仕様や形状寸法などの詳細までを協議し、何らかの文書――開発許可制度における公共施設管理者の同意協議書に相当するようなもの――を取り交わしておくことが望ましいでしょう。

第2章　事業開始の準備　　　101

図表2.29　総合設計制度を併用するプロジェクトの手続きの例

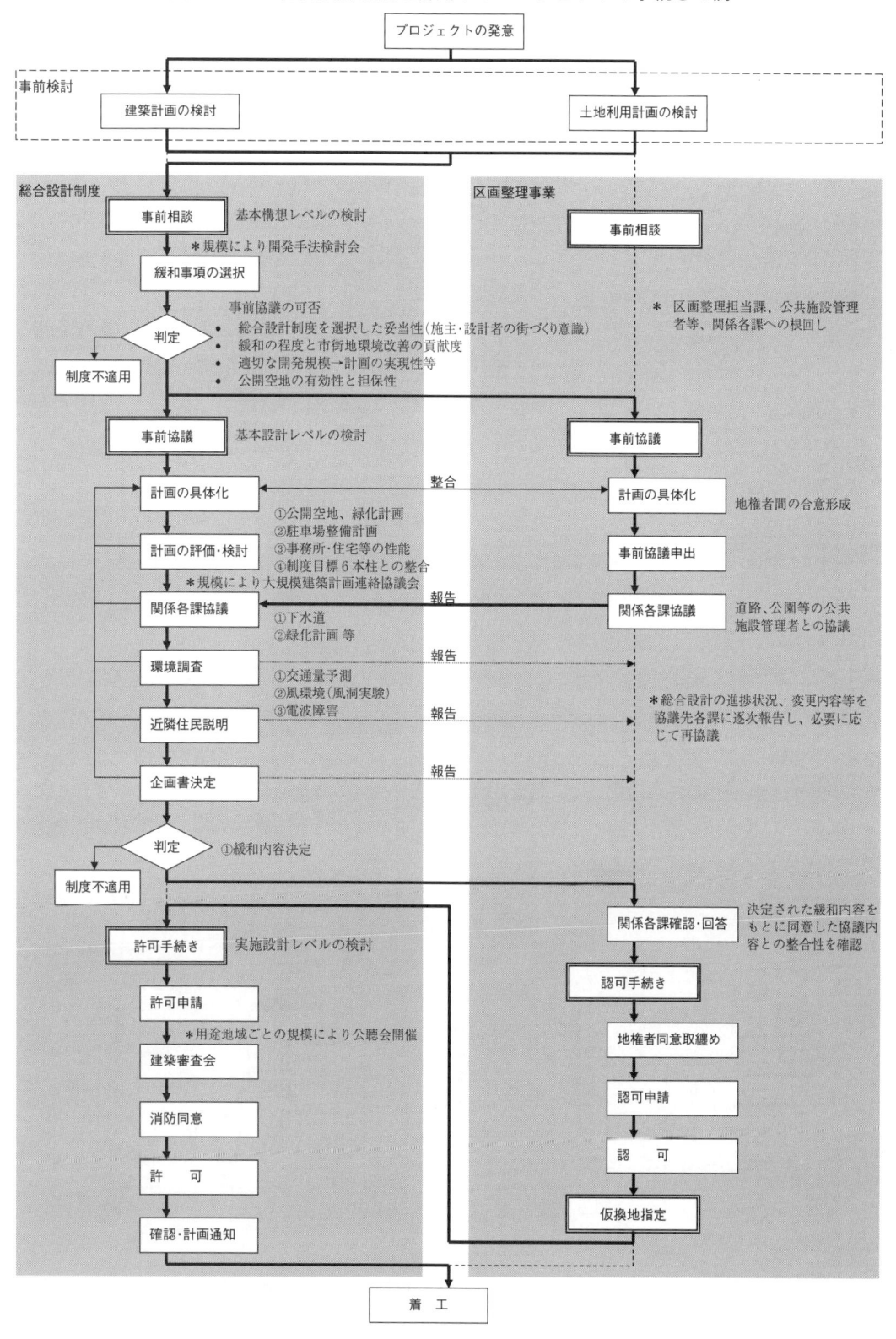

```
                          プロジェクトの発意
                                 │
        ┌────────────────────────┴────────────────────────┐
事前検討  │                                                 │
        建築計画の検討                              土地利用計画の検討
        │                                                 │
        └────────┬────────────────────────────────────────┘
                 │
  総合設計制度   │                                区画整理事業
                 ▼                                          ▼
            事前相談　基本構想レベルの検討              事前相談
                 │  *規模により開発手法検討会                │
            緩和事項の選択
                 │           事前協議の可否                  │
                 ▼          ・総合設計制度を選択した妥当性   │    *区画整理担当課、公共施設管理
              判定           (施主・設計者の街づくり意識)        者等、関係各課への根回し
           ┌─────┤          ・緩和の程度と市街地環境改善の貢献度
           ▼     │          ・適切な開発規模→計画の実現性等
        制度不適用│          ・公開空地の有効性と担保性
                 ▼                                          ▼
            事前協議　基本設計レベルの検討              事前協議
                 │                                          │
                 ▼              整合                        ▼
            計画の具体化 ◀──────────────────────────── 計画の具体化   地権者間の合意形成
                 │    ①公開空地、緑化計画
                 ▼    ②駐車場整備計画                      ▼
            計画の評価・検討 ③事務所・住宅等の性能         事前協議申出
                 │    ④制度目標6本柱との整合
                 │    *規模により大規模建築計画連絡協議会    │
                 ▼              報告                        ▼
            関係各課協議 ◀──────────────────────────── 関係各課協議   道路、公園等の公共
                 │    ①下水道                                             施設管理者との協議
                 │    ②緑化計画 等
                 ▼              報告
            環境調査  ①交通量予測
                 │    ②風環境(風洞実験)                         *総合設計の進捗状況、変更内容等を
                 │    ③電波障害         報告                     協議先各課に逐次報告し、必要に応
                 ▼                                               じて再協議
            近隣住民説明
                 │              報告
                 ▼
            企画書決定
                 │
                 ▼
              判定 　①緩和内容決定
           ┌─────┤
           ▼     │
        制度不適用│
                 ▼                                          ▼
            許可手続き　実施設計レベルの検討           関係各課確認・回答  決定された緩和内容を
                 │                                                       もとに同意した協議内
                 ▼                                          ▼             容との整合性を確認
            許可申請                                   認可手続き
                 │ *用途地域ごとの規模により公聴会開催      │
                 ▼                                          ▼
            建築審査会                                 地権者同意取纏め
                 │                                          │
                 ▼                                          ▼
            消防同意                                   認可申請
                 │                                          │
                 ▼                                          ▼
            許　可                                     認　可
                 │                                          │
                 ▼                                          ▼
            確認・計画通知                             仮換地指定
                 │                                          │
                 └──────────────┬───────────────────────────┘
                                ▼
                             着　工
```

コラム：総合設計制度と個人施行区画整理

　近年行われた街なかの個人施行区画整理の事例を見てみると、換地上に建物を建てる際に総合設計制度を活用している例が非常に多くなっています。

　建てる建物の収益性を上げるためには、より高く建てて床面積を増やすことが手っ取り早い方法ですが、街なかでは特にその傾向が顕著です。建物をより高く建てるために建築基準法に定められた絶対高さや斜線といった形態規制を緩和したり、容積そのものを獲得したりする方策としては、高度利用地区、特定街区、再開発等促進区を定める地区計画などもあります。にもかかわらず、総合設計制度が好んで使われるのはなぜでしょう。

　これは、他の方策が都市計画決定を必要とする都市計画的手法であることに対し、総合設計制度が建築基準法内で完結する建築的手法であるからです。都市計画決定が伴うということは、その手続きを経るだけでも相応の時間がかかりますし、都市計画案の縦覧を通して、さまざまな意見書が提出されることも考えられるので、目的が達成されるまでのスケジュールを立てにくいという面があります。

　これに対し、総合設計制度は許可に際して建築審査会の同意が必要ではあるものの、比較的時間リスクは小さく、許可を得るまでの見通しを立てやすいのです。つまり、個人施行の区画整理と総合設計制度の相性が良いのは、スピードを最優先するという目的を一にしているからです。

　ところで、個人施行の区画整理と総合設計制度を併用する場合に、しばしば問題となるのは、総合設計で得られる形態緩和や容積緩和を換地設計における土地評価上、どのように扱うべきか、ということです。

　地権者全員が土地を共同化して、総合設計の恩恵を受ける建築敷地とするのであれば、さほど問題になりませんが、下図のように整形で相応の敷地規模となる特定の地権者のみが総合設計を適用する場合は、土地の評価に関する合意形成が難しくなります。

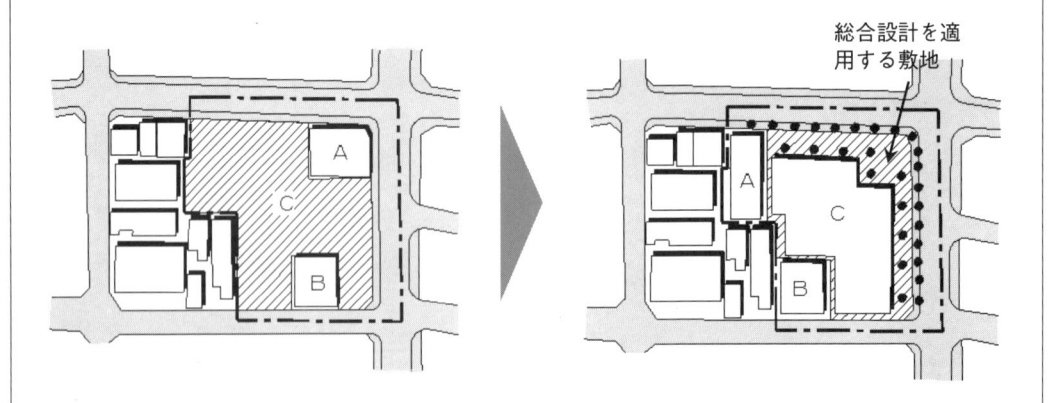

　図表2.29に示したように、総合設計の許可を得られるのは、区画整理の施行認可後、仮換地の指定により建築敷地が確定したあとなのです。にもかかわらず、街なかの区画整理では施

行認可申請時において、事業計画とあわせて換地の位置、形状、面積についても各地権者の同意が必要となることが常です。この時点では、容積緩和等を予定する総合設計の許可が得られるか否かは確定していません。

　前掲の図でいえば、総合設計制度を活用するCさんとしては、「我々はその後の自助努力によって規制緩和を獲得するのだから、当然区画整理の換地設計では、総合設計の許可がないものとして土地を評価すべきである」と主張するでしょう。確かに、その自助努力が区画整理事業とは別の財布で行われたものであるのなら――すなわち当該地権者のみの負担で行った結果であるのならば、その主張は相応の説得力を持ちます。

　しかし、前掲の図のAさん、Bさんは、「総合設計制度を適用できる敷地を生み出すことができたのは、区画整理があってこそ」と言うに違いありません。

　結局、個人施行の区画整理では、全員同意が大前提ですから、こうしたAさん、Bさんのような立場の意見を無視することはできません。この区画整理を主導するのが誰かといえば、通常は総合設計制度を活用して高容積の建物を建てようとするCさんだと思われます。だとすれば、換地設計上の土地の評価は、Cさんが建築物を含めたトータルの事業判断のもとで、総合設計の事前協議の状況等を踏まえて、どこまでリスクテイクできるかによるのだと考えられます。

9．同意書の取得

(1) 同意取得対象者

　関係機関との事前協議を整え、施行者となる地権者間で最終的に固まった事業計画と規準または規約を作成したら、事業計画に対する関係権利者の同意を取得します。ここでいう関係権利者とは、施行地区内の宅地（公共施設用地以外の土地）に権利を有する者すべて——所有権者、借地権者をはじめ先取特権、質権、抵当権等の担保権、および地役権、永小作権等の用益権などを有する者——が対象となります。

図表2.30　権利の種別と個人施行での取り扱い

権利の種別		調査方法	区画整理の手続き対象	法第8条の同意	備考
所有権	国有地・公有地	土地登記簿・公図、管理台帳、実測図等	仮換地指定　換地処分	不要	法第7条の承認必要
	民有地	土地登記簿・公図	同上	要	
用益権	借地権（建物の所有を目的とする地上権または賃借権）	土地登記簿または申し出	仮換地指定　換地処分	要	
	借地権（建物の所有を目的としない地上権または賃借権）	同上	同上	要	
	一時使用賃借権	同上	同上	要	
	地役権	同上	同上	要	
	永小作権	同上	同上	要	
担保権	質権	土地登記簿または申し出	仮換地指定　換地処分	要	
	先取特権	同上	換地処分	要	
	抵当権	同上	同上	要	

　先にも述べたように、登記されていない権利については、当該権利者が自ら申し出てくれればよいのですが、組合施行のように区域公告により権利の申告を促す手続きを取るわけではないので、所有権者が遺漏なく申告する必要があります。

　さて、これらの関係権利者の同意を取得する際に、共同施行の場合は、基本的には施行者となる所有権者または借地権者おのおのが自己の宅地の当該権利者について責任を持って同意を得ることが多いようです。ただし、その権利をもって認可を申請しようとする者に対抗することができない者については、同意取得の対象とはなりません。

また、所有権者、借地権者以外の権利者について、どうしても同意を得られないとき、またはその者を確知することができない場合は、その理由書をもって同意書に代えることができます（法第8条第2項）。　　　　　　　　　　　　　　　【様式2－13参照】

(2) 宅地以外の土地を管理する者の承認等

　施行認可を申請するためには、法第7条の規定により宅地以外の土地、すなわち道路、公園、河川、水路等の公共施設用地を施行地区に編入しようとすることについて、当該土地の管理者から承認を得る必要があります。

　このとき、施行後も当該施設の機能が保全されるよう、従前の面積以上の用地を確保することが承認の条件として付されることが多いので、これに対応するためにも従前の公共施設用地の位置、形状、面積等を前もって確定しておかなければなりません。

　また、その結果は、当然区画整理設計や事業計画の内容にも大きく影響しますので、この手続きは他の事前協議と並行して進めることになります。　　【様式2－14参照】

10. 施行認可申請

(1) 認可申請書の作成

　関係権利者の事業計画に対する同意等を取得したら、いよいよ施行認可申請書を作成します。申請書には、規準または規約および事業計画書（位置図、区域図、設計図を含む）、ならびに関係権利者の同意書のほか、参考図書として次のものの添付が求められることもあります。

- 認可申請者の資格を証する書類（土地登記簿謄本、住民票、印鑑証明、同意施行者の場合地権者からの同意書）
- 宅地以外の土地を管理する者の承認書の写し
- 都道府県農業会議、土地改良区、公共用地、文化財等関係団体の意見書
- 各筆権利者別調書および名寄せ簿
- 経過報告書（説明会等の議題、関係機関との協議事項等を時系列で記したもの）
- 現況図
    ・土地利用および建物用途別現況
    ・給排水、交通施設、交通量、地下埋設物、土地の所有別現況
- 市街化予想図
- 排水計画図（雨水・汚水）
- 道路施設、排水施設の標準構造図
- 公園計画図

【様式2－15参照】

(2) 認可の基準

　認可権者は施行の認可の申請があった場合は、法第9条第1項により、以下の事実があるとき以外は、認可をしなければならないと規定されています。

1. 申請手続きが法令に違反していること
2. 規準もしくは規約または事業計画の決定手続きまたは内容が法令に違反していること
3. 市街地とするのに適当でない地域または区画整理以外の事業によって市街地とすることが都市計画において定められた区域が施行地区に編入されていること
4. 事業を施行するために必要な経済的基礎およびこれを的確に施行するために必要なその他の能力が十分でないこと

　加えて、市街化調整区域が施行地区に編入されている場合は、都市計画法第34条に規定する開発許可基準を満たしていなければ、認可してはならないとしています。

(3) 施行認可に伴い発生する責任と権限

　認可権者は、認可をした場合遅滞無く、施行者の氏名または名称、事業施行期間、施行地区等を公告し、市町村長は事業施行期間中、施行地区および設計の概要を表示する図書を当該市町村の事務所において公衆の縦覧に供しなければなりません。施行者もまた、規準または規約、および事業計画に関する図書等を主たる事務所に備え付けて、利害関係者からこれらの閲覧請求があった場合には応えられるようにしておく必要があります。

　ところで、一口に許認可とよくいいますが、「許可」と「認可」は同じ行政行為でも明確に意味が異なります。許可とは、一般に禁止している行為を特定の場合に禁止を解除して、適法にその行為をできるようにする命令的行政行為をいいます。開発許可や総合設計制度の許可などはこれに当たります。これに対し、認可とは第三者の行為を補充してその法律上の効果を完成させる形成的行政行為をいい、施行者に事業施行の権能を形成させる区画整理の認可は、この行政行為となります。

　個人施行の区画整理でも施行認可を受けると、施行者には内外にさまざまな責任と権限が発生します。まず、施行者は工事施行、換地処分、建物移転等といった私権制限が伴うことも認可を受けることによって、遂行することが可能となります。

　また、施行地区内においては、事業の円滑な推進を確保するために、法第76条により、施行の障害となるおそれがある土地の形質の変更、もしくは建物やその他工作物の新築、改築もしくは増築、または移動の容易でない物件の設置もしくは堆積を行うことが原則禁じられ、これらの行為をしようとする場合は都道府県知事の許可を必要とします。知事は許可をしようとするとき、施行者に意見を求めることになっているので、実質的に施行者の判断によるところが大きいことになります。

　一方、都市計画事業であればなおのこと、仮に都市計画決定をしない事業であっても、認可事業を施行するという責任は大きく、法には賄賂の収受等に対する懲役をはじめ各種の罰則規定も設けられています。また、施行者は認可権者の監督下にあり、場合によれば認可が取り消されることもあります。

　個人施行というと、組合施行等に比べ法の縛りが緩くフリーハンドな印象を持ちますが——あたかも全員の同意さえ取ればあとは何でもできる、あるいは何をしてもよいかのように錯覚しがちですが、施行者は法定事業を施行するという認識をもって、職務を遂行したいものです。

> **コラム：個人施行における罰則**

　区画整理事業は都道府県知事の認可を受けて行う公的な事業です。仮換地指定や換地処分などは行政処分として行われ、行政不服審査法の審査請求対象となっています。

　たとえ事業の施行者の身分が個人（または一般の法人）であったとしても、いわば公務員のような公平公正な立場で事業を遂行することが求められています。

　そのため、法では、賄賂の収受を始めとして施行者に対する罰則を定めるとともに、事業遂行を妨げるような行為についての罰則を設けています。

◇個人施行者への罰則

　個人施行者に対する罰則としては、基本的に賄賂の収受について規定されています。それは、個人施行者でなくなった場合でも個人施行者であった間の行為について罰せられます。また、その他、法令で定められた手続き等に違反した場合は過料に処せられます。

　なお、供与された賄賂については、没収されます。

◇個人施行者以外の者への罰則

　個人施行者以外の罰則としては、個人施行者に賄賂を贈った場合はもちろん、申し込みや約束をしただけでも罰則の対象となります。

　また、土地への立ち入りを拒むなど事業の遂行を妨げる者に対しても罰則が規定されています。

　こうした罰則等は次表のようになっています。

対象者	行為の内容	罰則	条項
個人施行者	賄賂の収受、要求、約束	懲役3年以下	法137条1項
	賄賂の収受、要求、約束後に不正の行為をした、または必要な行為をしなかったとき	懲役7年以下	法137条1項
	請託を受けて第三者に賄賂を供与させ、または供与の約束をしたとき	懲役3年以下	法137条3項
	施行地区の縮小や費用分担に関する基準等の変更について債権者の同意を得なかった	過料20万円以下	法10条2項→法143条
	事業廃止について債権者の同意を得なかった	過料20万円以下	法13条→法143条
	事業引継について債権者の同意を得なかった	過料20万円以下	法128条3項→法143条

	簿書を備えなかったり必要な記載をしなかったり、不実の記載をした	過料20万円以下	法84条1項→法143条
	簿書の閲覧等を正当な理由なく拒んだ	過料20万円以下	法84条2項→法143条
	都道府県知事の検査妨害や命令違反	過料20万円以下	法124条1項→法143条
個人施行者であった者	在職中に職務上不正行為をしたまたはすべき行為をしなかったことに関して賄賂を収受または要求、約束した	懲役3年以下	法137条2項
賄賂を送った者	個人施行者に賄賂を贈った	懲役3年以下または罰金100万円以下	法138条
事業遂行を妨げた者	調査・測量のための土地立ち入りを拒んだり妨げたりした	懲役6ヶ月以下または罰金20万円 (法人の代表者や代理人・使用人・従業者が行った場合は、法人や代理人等に対する本人も罰金対象)	法139条（法141条）
	法76条の申請内容に違反して原状回復等を命令されたが従わなかった	懲役6ヶ月以下または罰金20万円 (法人の代表者や代理人・使用人・従業者が行った場合は、法人や代理人等に対する本人も罰金対象)	法140条（法141条）
	標識を勝手に移転、除去、汚損、毀損した	罰金20万円	法142条

※以下に示す様式は、必ずしもすべての地区において適切なものとは限りません。それぞれの地区で作成するうえでの参考としてください。

様式2−1　同意書（技術的援助申請）

平成　　年　　月　　日

宅地所有者（借地権者）　殿

　　　　　　　　　　　　　　　　　　○○市○○土地区画整理事業（仮称）
　　　　　　　　　　　　　　　　　　施行認可申請予定者
　　　　　　　　　　　　　　　　　　　代表　○　○　○　○　㊞

　　　　　　　　　　土地区画整理事業の同意について

　○○市○○町の全部および○○町の一部の区域について、土地区画整理事業を施行したいと思いますが、貴殿が所有(借地)する土地をこの区域に編入し、その準備を行うため、土地区画整理法第75条の規定により技術的援助の申請を○○市長に対して行うことについて同意を得たいので、同意書に記名捺印願います。
　なお後日、規約および事業計画が作成された場合は、あらためてご連絡のうえ同意を得る予定になっておりますので、念の為申し添えます。

　　　　　　　　　　　　　同　意　書

　私が所有権（借地権）を有する下記の土地を、○○土地区画整理事業の施行地区に編入し、土地区画整理事業を施行するため土地区画整理法第75条の規定により技術的援助の申請を○○市長に対して行うことについて同意します。
　　平成　　年　　月　　日

　　　　　　　　　　　　　　　　　住所
　　　　　　　　　　　　　　　　　氏名　　　　　　　　　　　　　㊞

　　　　　　　　　　　　　　　記

番号	町　名	字　名	番　地	地　目	地　積	摘　要
1						
2						
3						
4						
5						

（注）共有者は、共有者の連署とする。
　　　法人の場合は、代表権を有する者の署名捺印とする。
　　　氏名は、自筆による。

様式2－2　技術的援助申請書

番　　号

平成　年　月　日

○○市長　　殿

　　　　　　　　　　　　　　　　○○市○○土地区画整理事業（仮称）
　　　　　　　　　　　　　　　　施行認可申請予定者
　　　　　　　　　　　　　　　　　代表　○　○　○　○　㊞

　　　　　　　　　土地区画整理事業の施行に関する
　　　　　　　　　技術的援助の要請について

　私達は、○○市○○土地区画整理事業（仮称）を施行することによって、市街地を整備する予定ですので、事業の施行等について土地区画整理法第75条に定める貴市職員の技術的援助を受けたく申請します。
　なお、当地区の権利者が事業の準備を進めることに賛同したことを示す書面を添えましたので、宜しく取計らい願います。
　1．添付書類
　　　ア．同意書
　　　イ．施行地区区域図

様式2-3　土地各筆調書

町・丁目	地番	地目	地積（m²）	所有権者	摘要

様式2-4　土地種目別集計表

地目＼町名	m²	筆	m²	筆	m²	筆	m²	筆	m²	筆	計 m²	筆

様式2-5　公共施設用地調書

管理者					
町・丁目	地番	地目	地積（m²）	所有権者	摘要

様式2-6　公共施設用地総括表

地目＼管理者	m²	筆	m²	筆	m²	筆	m²	筆	m²	筆	計 m²	筆

様式2-7　名寄せ簿

住所	登記簿		氏名	
	現住所			
町・丁目	地番	地目	地積（m²）	備考

様式2−8　土地立入認可申請書

　　　　　　　　　　　　　　　　　　　　　　　　番　　　号
　　　　　　　　　　　　　　　　　　　　　　　平成　　年　　月　　日

○○市長
　　○　○　○　○　殿

　　　　　　　　　　　　　　　　　　○○市○○土地区画整理事業（仮称）
　　　　　　　　　　　　　　　　　　施行認可申請予定者
　　　　　　　　　　　　　　　　　　　　代表　○　○　○　○　㊞

　　　　　　　　　　土地立入の認可申請について
　○○市○○町の全部および○○町の一部について、土地区画整理事業を施行したいので、その準備のため下記のとおり土地に立ち入ることについて認可下さるよう、土地区画整理法第72条第1項の規定により、土地立入区域図を添えて申請します。

　　　　　　　　　　　　　　　記
　1．立入の場所　　　○○市○○町の全部および○○町の一部
　2．立入の期間　　　認可の翌日より○ヶ月間
　3．立入の時間　　　日の出より日没まで
　4．添付図書　　　　位置図（S：1/10,000）
　　　　　　　　　　　土地立入区域図（S：1/2,500）

様式2-9　土地立入通知書

番　　　号

平成　　年　　月　　日

土地所有者
　　〇　〇　〇　〇　殿

　　　　　　　　　　　　　　　　　　〇〇市〇〇土地区画整理事業（仮称）
　　　　　　　　　　　　　　　　　　施行認可申請予定者
　　　　　　　　　　　　　　　　　　　代表　〇　〇　〇　〇　㊞

　　　　　　　　　　　　土地の立入について

　土地区画整理事業のため、土地の立ち入りについて土地区画整理法第72条第1項の規定により認可を得たので、下記のとおり貴殿が所有する土地に立ち入り、測量調査します。

　　　　　　　　　　　　　　　記
　1．立入の場所　　　　貴殿占有の土地
　　　　　　　　　　　　〇〇市〇〇町〇〇番地
　2．立入の期間　　　　平成　年　月　日から平成　年　月　日まで
　3．立入の時間　　　　日の出より日没まで

　おって、測量調査のため立ち入る者は、身分証明書および認可証写、または委任状を携行しているので、申し添えます。

様式2－10　土地の境界確定について

番　　号
平成　年　月　日

〇　〇　〇　〇　殿

〇〇市〇〇土地区画整理事業（仮称）
施行認可申請予定者
代表　〇　〇　〇　〇　㊞

土地の境界確定について

　謹啓、時下益々ご健勝のこととお慶び申し上げます。
　現在、〇〇〇〇地先（添付位置図参照）において土地区画整理事業を行うための準備を進めています。
　つきましては、土地区画整理事業の施行地区を確定いたしたく、貴方が所有する〇〇市〇〇町〇〇丁目〇〇番地の土地の境界を確定したいので、現地立会いをお願いします。
　なお、立会い日時につきましては、勝手ながら下記のとおり決めさせていただきましたので、当日印鑑（認印）を持参のうえお出でくださるようお願いします。

記

1．立会い日時　　　平成　年　月　日（　）　午前・午後　　時　　分より
2．集合場所　　　　〇〇市〇〇町〇〇丁目〇〇番地〇〇
　　　　　　　　　ご不明な点がございましたら、下記までご連絡ください。
　　　　　　　　　　　　　　　　　　　　　　　Tel〇〇－〇〇〇〇－〇〇〇〇
以上

様式2-11　境界同意書

平成　　年　　月　　日

○○市○○土地区画整理事業（仮称）
施行認可申請予定者
　　代表　○　○　○　○　様

　　　　　　　　　　　　　　　　　　　　　　　　住所
　　　　　　　　　　　　　　　　　　　　　　　　氏名　　　　　　　㊞

　　　　　　　　　　　　　　境界同意書
　下記土地区画整理事業施行地区との境界については、土地所有者として現地境界のとおり異議無いので同意します。
　　　　　　　　　　　　　　　　記
　　1．土地区画整理事業施行地区界
　　　　　　○○市○○町○○丁目○○地先
　　　　　場所　　　　土地所在図のとおり
　　2．隣接土地
　　　　　　○○市○○町○○丁目○○番地
　　　　　地目
　　　　　土地所有者
　　　　　　　　　　　　　　　　　　　　　　　　　　　　　以上

様式2－12　事前協議書

　　　　　　　　　　　　　　　　　　　　　　　　　　　　　番　　号
　　　　　　　　　　　　　　　　　　　　　　　　　　平成　　年　　月　　日
○○市長○○○○様

　　　　　　　　　　　　　　　　　　　　○○市○○土地区画整理事業（仮称）
　　　　　　　　　　　　　　　　　　　　　　施行認可申請予定者
　　　　　　　　　　　　（共同施行の場合は連署）住所
　　　　　　　　　　　　　　　　　　　氏名　　　　　　　　　㊞

○○市○○土地区画整理事業（仮称）の施行認可申請に係る事前協議について

　○○市○○土地区画整理事業（仮称）の施行認可を申請したいので、事前協議します。
　　添付図書
　1．規準案（共同施行の場合は規約案）
　2．事業計画書案（位置図、区域図、設計図を含む）
　3．公共施設用地管理者、文化財、農業委員会等関係機関の意見書の写し
　4．各筆権利者別調書
　5．経過報告書（説明会等の議題、関係機関との協議事項等を時系列で記したもの）
　6．地区界に接する区域外の土地の境界確認書（土地所有者、公共施設管理者等）
　7．保留地処分単価の決定根拠資料
　8．現況図
　9．市街化予想図
　10．排水計画図（雨水・汚水）
　11．道路・排水施設標準構造図
　12．公園計画図
　　　（注意）添付図書は、適宜協議して決める。

様式2－13　同意書

平成　　年　　月　　日

　　　　殿

　　　　　　　　　　　　　　　　　　　　○○市○○土地区画整理事業（仮称）
　　　　　　　　　　　　　　　　　　　　施行認可申請者
　　　　　　　　　　　　　　　　　　　　代表　○　○　○　○　㊞

　　　　　　　　　　　土地区画整理事業の同意について

　○○市○○町の全部および○○町の一部について、別添事業計画のとおり土地区画整理事業を施行致したく、貴殿が権利を有する土地を施行地区に編入することについて、土地区画整理法第8条の規定により同意を得たいので、同意書に記名捺印願います。

　　　　　　　　　　　　同　意　書

　別添の事業計画により、私が権利を有する下記の土地を○○市○○土地区画整理事業の施行地区に編入し、土地区画整理事業を施行することについて同意致します。

　平成　　年　　月　　日

　　　　　　　　　　　　　　　　　　　　住所
　　　　　　　　　　　　　　　　　　　　氏名　　　　　　　　㊞

　　　　　　　　　　　　　　記

番号	町	丁目	地番	地目	地積	摘　要

（注）共有者は、共有者の連署とする。
　　　法人の場合は、代表権を有する者の署名捺印とする。
　　　氏名は、自筆による。

様式2－14　地区編入の承認申請書

　　　　　　　　　　　　　　　　　　　　　　　　　　番　　　号
　　　　　　　　　　　　　　　　　　　　　　　　平成　　年　　月　　日

　　　　　　殿

　　　　　　　　　　　　　　　　　　　　○○市○○土地区画整理事業
　　　　　　　　　　　　　　　　　　　　施行認可申請者
　　　　　　　　　　　　　　　　　　　　住所
　　　　　　　　　　　　　　　　　　　　氏名　　　　　　　　　㊞
　　　　　　　　　　　　　　　　　　　　　　（以下連署）

　　　　　　　　施行地区編入の承認について

　土地区画整理事業を施行したいので、貴殿が管理される下記区域内の公共用地を施行地区に編入し、土地区画整理事業を施行することについて、土地区画整理法第7条の規定により承認下さるよう申請します。

　　　　　　　　　　　　　　　記
　１．施行地区　　　○○市○○町の全部、○○町の○番より○番まで。
　２．編入面積　　　○○敷　○○平方メートル
　　　　　　　　　　別添施行区域図のとおり

様式2－15　施行認可申請書

番　号
平成　年　月　日

○○市長○○○○様

　　　　　　　　　　　　　　　　　○○市○○土地区画整理事業（仮称）
　　　　　　　　　　　　　　　　　　　　　施行認可申請者
　　　　　　　（共同施行の場合は連署）住所
　　　　　　　　　　　　　　　　　　　　　氏名　　　　　　　　　㊞

　　　　　○○市○○土地区画整理事業（仮称）の施行認可申請について

　土地区画整理法第4条第1項の規定により、○○市○○土地区画整理事業（仮称）の施行認可を申請します。

添付図書
1. 規準（共同施行の場合は規約）
2. 事業計画書（位置図、区域図、設計図を含む）
3. 施行認可申請者の資格を証する書類（土地登記簿謄本、住民票、印鑑証明等）
4. 宅地以外の土地を管理する者の承認書の写し
5. 事業計画に対する関係権利者の同意書
6. 所有権者および借地権者以外の権利者で同意を得られない場合の理由書
7. 公共施設用地管理者、文化財、農業委員会等関係機関の意見書の写し
8. 各筆権利者別調書および名寄せ簿
9. 経過報告書（説明会等の議題、関係機関との協議事項等を時系列で記したもの）
10. 保留地処分単価の決定根拠資料
11. 現況図
12. 市街化予想図
13. 排水計画図（雨水・汚水）
14. 道路・排水施設標準構造図
15. 公園計画図
　　（注意）規準または規約、および事業計画書以外の添付図書は、適宜決める。

第3章

事業の開始

事業開始のながれ

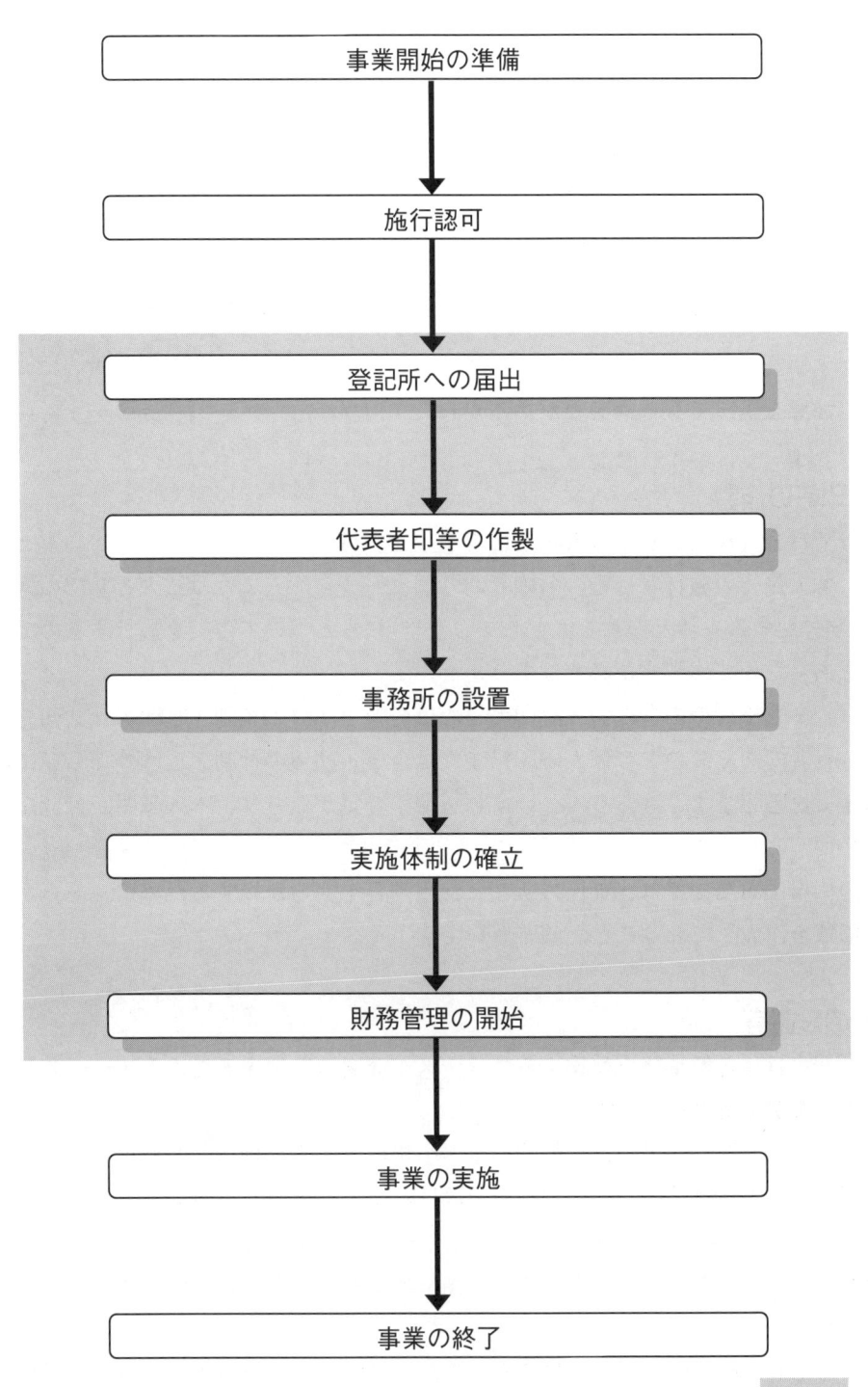

```
事業開始の準備
      ↓
    施行認可
      ↓
  登記所への届出
      ↓
  代表者印等の作製
      ↓
   事務所の設置
      ↓
   実施体制の確立
      ↓
   財務管理の開始
      ↓
    事業の実施
      ↓
    事業の終了
```

（登記所への届出～財務管理の開始：この章で扱う範囲）

1. 事業の開始

(1) 登記所への届出

区画整理事業が認可され、その公告がなされれば、いよいよ事業の開始です。まず施行者が行うべきことは、次の事項を登記所に届出ることです（法第83条，施行規則第21条）。

- 施行地区に含まれる土地の名称（町名もしくは字名および地番）
- 施行認可の公告のあった年月日
- 事業計画書に添付した施行地区区域図
- 換地処分の予定時期

事業の開始においてこの届出を登記所に行うのは、区画整理が土地の権利に大きな変化をもたらす事業であるため、施行中の当該施行地区内での登記事務の取り扱いについても十分な注意を払ってもらう必要があるからです。　　　　　【様式3－1参照】

(2) 代表者印等の作製

組合施行では公共法人としての人格を得て事業を施行するので、施行者印が必要となりますが、個人施行の施行者はその名のとおり個人――自然人または法人としての人格（権利と義務に関する主体となれる人としての資格）にもとづいて事業を施行するので、施行者印をあらためて作製する必要はありません。

実務上は、一人施行の場合は個人の印鑑または企業・団体の社判・社印等、共同施行の場合は施行者であるおのおの個人の印鑑または企業・団体の社判・社印等ならびに代表者の印鑑で対応します。もちろん、いずれも印鑑登録がなされ、本人証明が可能な印鑑である必要があります。

これらの使用にあたっては、責任の所在と使用内容を明らかにするために、あらかじめ印鑑使用簿を作成しておくことが望ましいでしょう。

(3) 事務所の設置等

事業の施行中は、各種事務を執務するスペースや会議を開催するためのスペース――すなわち事務所が必要となります。

しかしながら個人施行の場合、比較的事業が小規模であり、施行期間も短いことが多いので、区画整理事業だけのための事務所を設けることは少なく、建築工事事務所内の一角を区画整理の事務所としたり、事業への参加企業（地権者である法人企業、または同意施行者としての法人企業）の事務所を区画整理事業の事務所と兼ねたりするケースが多くみられます。

いずれにしても、施行中は利害関係者からの求めに応じて、規準または規約、事業計画書、換地計画書、その他の図書について閲覧等に供することができるよう、これらの

簿書を備え付けておく事務所を何らかのかたちで設ける必要があります。

　なお、事務所は複数設置することも可能です。2以上の事務所を設置する場合には、そのいずれをも規準または規約に記載し、そのうち一つを主たる事務所であることを定め、その旨を記載しておかなければなりません。

2．一人施行の実施体制

　一人施行の区画整理は、地権者1人で、もしくは地権者から施行に関する同意を与えられた者が1人で行う事業ですから、事業の執行、監査、議決（意思決定）といった、事業を遂行するうえで必要となる実務をすべて1人で行うことになります。

　一人施行であっても法定事業としての経営が問われることになるため、「会計に関する事項」は規準の中で定めなければなりません（法第5条の10、施行令第1条の4）。当該事業のための金融機関の口座を作ったうえで、毎年度の予決算書をきちんと作成し、事業外の資金と混同しないよう専用の帳簿を用意し、経費の収入、支出を明確にする必要があります。また、事業報告書、収支決算書および財産目録等の資料を毎年度作成し、都道府県知事や市町村長の求めに応じていつでも提出できるようにしておくことが賢明ですし、文書の収受・発送や行政協議等についても詳細に記録しておいた方がよいでしょう。

　同意施行者による一人施行では、年度ごとに事業報告書、収支予算書、決算書および財産目録等を地権者に報告することが望ましいでしょう。

　さらには、設計・工事関連、補償・移転、換地等に関わる事務についてもすべて1人でこなさなければなりません。同意施行者による一人施行であればまだしも、区画整理の経験のない一般地権者による一人施行ではなかなか大変なことです。このため、そうした専門知識の必要な事務局業務をコンサルタントに委託することも有効と考えられます。

図表3.1　一人施行の組織体制の例

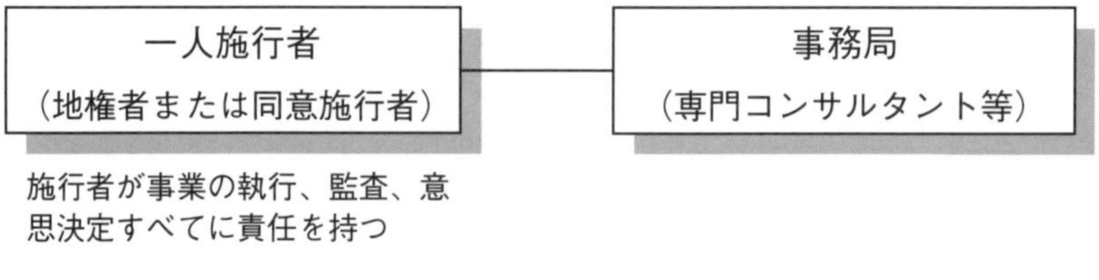

```
┌─────────────────┐      ┌─────────────────┐
│   一人施行者    │──────│     事務局      │
│（地権者または   │      │（専門コンサル   │
│  同意施行者）   │      │   タント等）    │
└─────────────────┘      └─────────────────┘
```

施行者が事業の執行、監査、意思決定すべてに責任を持つ

3．共同施行の実施体制

(1) 組織形態

　共同施行の実施体制に定型はありませんが、事業を円滑に進めるために組合施行に倣って、理事会に相当する執行機関と総会に相当する議決機関、それと監査機関で構成することが多いようです。

　つまり、執行機関が事業の日常業務を遂行しながら年度ごとの収支予算、決算、事業計画変更等の議案を作成し、これらを地権者（同意施行者がいる場合は同意施行者を含む。以下この章において同じ。）全員で構成する議決機関が決定して事業を進め、さらに監査機関が事業の執行状況、財産状況等を監督・検査するという体制をとるのです。

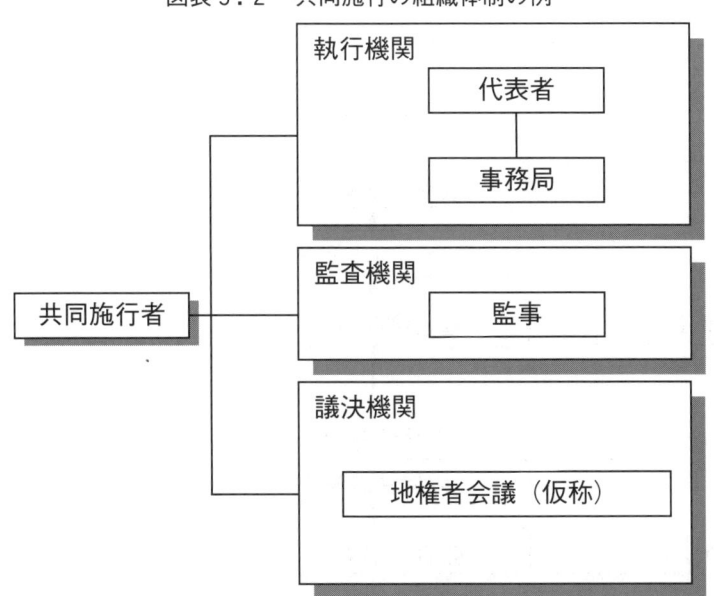

図表3.2　共同施行の組織体制の例

```
                    ┌─執行機関─────────┐
                    │         ┌──代表者──┐   │
                    │         └──事務局──┘   │
                    └──────────────────┘
共同施行者─┬─────┌─監査機関─────────┐
            │         │         ┌──監事───┐   │
            │         └──────────────────┘
            │
            └─────┌─議決機関─────────┐
                      │     ┌─地権者会議（仮称）─┐│
                      └──────────────────┘
```

(2) 執行機関

　執行機関は対外的には施行者を代表する立場にあり、内部に対しては事業に係る事務手続きの一切を処理する責任と権限を持ちます。

　具体的には、地権者の中から選出された代表者が執行することになりますが、実際の事務は別途雇用される事務職員、あるいは外部委託するコンサルタント等が担う事務局が遂行します。一部の地権者から同意を得た民間デベロッパー等の同意施行者がいる場合は、その同意施行者が事務局を掌ることも多いようです。とはいえ、施行者としての意思表示、方向付けの指示等は代表者の職務であることを十分認識しておく必要があります。もちろん、事業推進の意思決定は原則、地権者全員から構成する会議（以下、地権者会議といいます。）で地権者全員の同意をもってなされますが、軽易な事柄につい

ては代表者が専決できるよう庶務規程に定めておくことも現実的な対応です。

　地権者の数によっては、代表者を補佐する副代表を置くことも考えられるでしょう。これら代表や副代表の任期は、通常2年とし、再選を妨げないとする例が多いようです。

　執行機関として特に重要な職務は、事業報告書、収支決算書および財産目録等を毎年度作成し、監査機関の意見を添えて地権者会議に提出し、その承認を得ることです。これらは、組合施行と異なり法に定められているわけではありませんが、きちんと毎年度行っていくことが事業の円滑な推進につながりますし、都道府県知事や市町村長の求めに応じて提出すべき資料としても役立ちます。そのためには、事務局が日々の業務を誠実に遂行することが基本となることはいうまでもありません。

　その事務局の主な業務としては、おおむね庶務業務、会計業務、設計・工事関連業務、補償・移転業務、換地業務に分けられます。

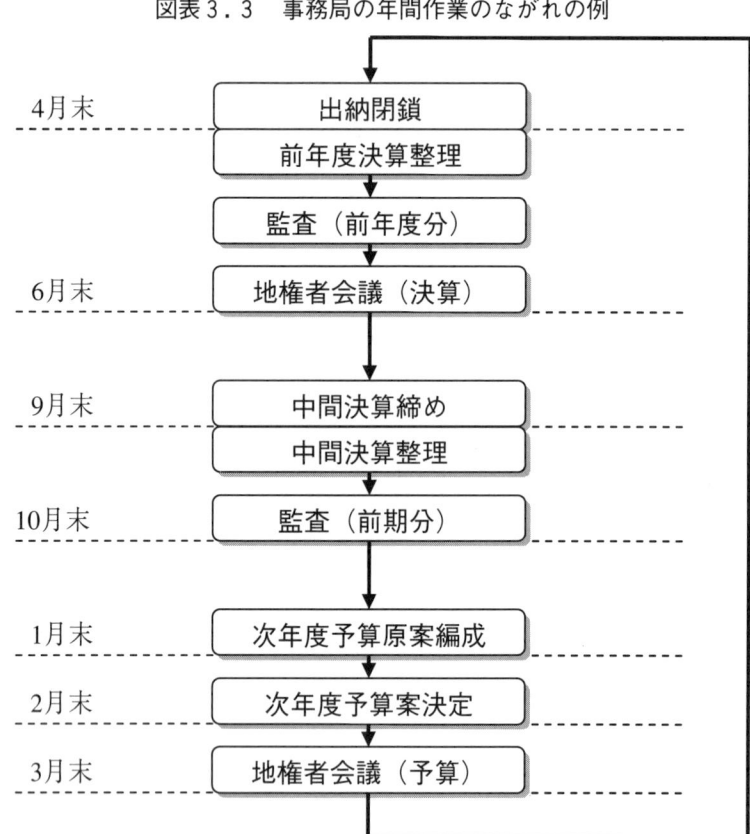

図表3.3　事務局の年間作業のながれの例

```
4月末    出納閉鎖
         前年度決算整理
         監査（前年度分）
6月末    地権者会議（決算）

9月末    中間決算締め
         中間決算整理
10月末   監査（前期分）

1月末    次年度予算原案編成
2月末    次年度予算案決定
3月末    地権者会議（予算）
```

1）庶務業務

　庶務業務としては、文書の収受・発送、会議等の通知、議事録のまとめ、議決事項の起案、出張命令等の管理、仮換地等の諸証明事務、以上の業務に属さない事務の処理等があります。

個人施行では、こうした庶務業務がついついおざなりになりがちですが、一つひとつ確実に行うことがトラブルを未然に防ぐことにつながります。

① 文書の収受・発送

　文書の収受は収受簿を用意し、収受した文書番号、編纂番号を付け、文書件名、差出人、収受した年月日を記載し、代表者の決裁を得た後、当該文書の内容に応じたしかるべき処理をして、当該文書をファイリングします。

　文書の発送は、作成した文書について代表者の決裁を得た後、あらかじめ用意した発送簿に文書番号、編纂番号を付け、文書件名、宛名、発送する年月日を記載した後、発送します。このときに写しを取り、ファイリングすることを忘れないようにしましょう。
【様式3-2, 3-3参照】

② 会議の通知、議事録の作成等

　事務局で会議の日時、会場、議題等を起案し、会議に用いる資料を添えて代表者の決裁を得た後、会議通知書を作成し発送します。

　会議を終えたら、ただちに議事録を作成し、議事録署名人の署名捺印を得て、ファイリングします。
【様式3-4, 3-5参照】

③ 出張命令等の管理

　代表者や事務局員が事業の必要に応じて出張を行うときは、出張命令簿に出張の目的または事由、出張先、その期間等所定事項を記載のうえ、代表者の決裁を得ます。
【様式3-6参照】

④ 仮換地証明事務

　仮換地を指定した後、換地処分に伴う土地区画整理登記が完了するまでの間は、現実の土地に係る使用収益のあり方と土地登記簿に差異が生じます。このため、権利者の求めに応じて、仮換地証明、敷地地番該当証明、保留地証明を発行し、その土地を使用収益することに対する正当性を証明する必要があります。　【様式3-7～3-9参照】

2) 会計業務

　会計業務は、毎年度の予算書・決算書を作成する業務と日常の会計処理業務に分かれます。

　毎年度の予算書の作成に係る一連の業務としては、まず前年度までの決算を想定すると同時に、当該年度の事業予定表を作成します。次にその予定表に従い項目ごとに予算額を算定し、予算書および説明書の案を作成します。その後、代表者に説明し承認を得たうえで、地権者会議に諮り予算額を決定します。

決算書については、出納閉鎖時に関係帳簿を整理し締め切り、決算書、事業報告書、財産目録を作成します。これらを代表者に説明し承認が得られたら、監事に監査を依頼し、その結果を代表者宛に監査報告として提出してもらいます。そして、地権者会議で説明・報告し、承認を得ます。

一方、日常の会計処理業務としては、法定事業の会計であることを強く自覚して、金銭および物品の出納を常に明らかにしておく必要があります。このため、諸帳簿を事由発生時において確実にまた正確に記帳整理しておくことが重要です。

特に、契約行為等を前提とする工事費の支払い等については、あらかじめ支出負担行為の決議を前提として決裁を行い、支払い行為により支出命令書および支出金整理簿等に転記します。

なお、借り入れ、預け入れに使う金融機関については規約に明記するか、あるいは収支予算策定時に地権者会議の承認を得ます。

3) 設計・工事関連業務

この業務の主な内容は、工事等に伴う関係機関との協議、工事等の契約に関する一連の事務手続き、工事着手後の監督等です。

この業務の留意事項としては、個人施行の区画整理であっても入札行為等が必要となる補助金等の対象工事については、一連の手続きを公明正大に執行し、疑惑を持たれることの無いように行うことです。また、工事は移転・移設と密接に関係することから、工程表の作成を指示し、補償・移転業務担当者と常に連携を図ることも重要です。

4) 補償・移転業務

この業務は、工事等の執行に際し、支障となる建物や工作物等の移転・移設について、移転計画の作成から移転完了の確認までに関する必要な作業を行うことです。

ただし、個人施行の区画整理では全員同意を前提とする事業の特性から、施行認可前に詳細な移転計画を作成し、移転交渉を終えて移転費等についても当事者から了解が得られていることが多いので、その合意内容にしたがい、移転費の支払い、または移転工事等を実行することになります。

5) 換地業務

換地業務についても個人施行の事業では、施行認可前に土地評価、換地設計をすませ、すでに換地の割り込みについても関係権利者全員の同意が得られていることが多いので、事業期間中の権利変動の把握、仮換地指定、換地計画認可申請、換地処分、清算に関わる事務手続きが主な業務となります。

以上の執行機関の組織や分掌事務等、事業を執行するために必要となる事項については、

別途庶務規程を設け、細則を定めることが適切です。

図表3.4　庶務規程の例

○○市○○土地区画整理事業
　　　　庶務規程（案）

第1条（目的）
　この規程は、この事業の規約（以下「規約」という。）第○条第○項の規定により、この事業の業務を処理するために必要な事項を定めることを目的とする。
第2条（代表者）
　代表者は、規約第○条第○項の規定により地権者の互選によるものとするが、その任期は2年とする。ただし再任は妨げない。
第3条（事務局）
　この事業に事務所を置き、代表者の指導、監督のもとに次の業務を処理する。
　　総務業務　　　補償業務
　　換地業務　　　工事業務
2．事務局には事務局長をおき、各業務、職員の執務を監督する。
3．業務の遂行のため必要があるときは、事務局次長を置くことができる。
第4条（事務分掌）
　各業務の事務分掌は、次のとおりとする。
　総務業務
　　ア．文書の収受、発送に関すること
　　イ．会議に関すること
　　ウ．選挙に関すること
　　エ．公告、通知、および訴訟に関すること
　　オ．人事に関すること
　　カ．職印の保管に関すること
　　キ．規約の変更に関すること
　　ク．広報に関すること
　　ケ．資金調達に関すること
　　コ．経費の収支予算、および決算に関すること
　　サ．給与、金銭の出納、および物品の購入に関すること
　　シ．工事の請負、補償、および借入金その他契約に関すること
　　ス．費用の徴収、および交付、ならびに換地清算金に関すること
　　セ．備品、その他財産の保管に関すること
　　ソ．文化財の調査に関すること
　　タ．その他の担当に属さない事項に関すること
　補償業務
　　ア．建物、工作物等の移転、および除却に関すること
　　イ．建物、工作物等の調査、および補償に関すること
　　ウ．仮換地に伴う補償に関すること
　　エ．工事の施工に伴う補償に関すること
　　オ．建物、工作物等の移転、除却に伴う許認可手続、および諸機械、材料の借入、購入、保管に関すること
　　カ．建物、工作物等の確認に関すること
　換地業務
　　ア．換地設計準備に関すること
　　イ．街区評価に関すること
　　ウ．換地設計に関すること
　　エ．仮換地指定に関すること
　　オ．換地計画の作成に関すること
　　カ．換地処分に関すること
　　キ．換地計画の変更に関すること
　　ク．代位登記に関すること
　　ケ．土地区画整理登記に関すること
　　コ．公共施設の管理、および帰属に関すること
　　サ．町界地番の整理に関すること
　　シ．保留地処分に関すること（契約にかかる事項を除く）
　　ス．事業計画の変更、ならびに実施計画の作成、取りまとめに関すること
　工事業務
　　ア．工事実施設計に関すること
　　イ．設計変更に関すること
　　ウ．工事の施工管理に関すること
　　エ．工事用諸材料の購入、および保管に関すること
第5条（文書の収受、および発送）
　収受した文書はすべて収受簿に記載し、代表者の決裁を経て処理するものとする。
2．文書の発送は、代表者の決裁を経て、代表者名をもって行い、発送簿に記載する。
第6条（専決）
　地権者会議の議決を要しない事項で、地権者会議の決定を待つひまのない緊急の事項、または地権者の費用負担に関係のない通

常の軽易な事項については、代表者が専決することができる。
2．代表者が専決できる事項を処理する場合において、代表者が不在のときは事務局長が代決することができる。
3．前項の規定により、代決した文書については、代表者の後閲を受けなければならない。

第7条（図書の管理）
事務所備付の図書は、案件ごとに整理し、その保管を明確にし、代表者の許可がなければ外部に持出してはならない。

第8条（給与の決定）
代表者等の報酬は、あらかじめ地権者会議の承認を得た基準により、代表者が別に定める。

第9条（旅費）
代表者その他の者が公務のために出張したときは、旅費を支給する。
2．前項の旅費の支給基準は、地権者会議の承認を得て、代表者が別に定める。

第10条（慶弔、見舞等）
この事業を代表して慶弔、見舞等の必要がある場合は、代表者が事務局員の意見を聞いて処理する。

第11条（代表者への委任）
この規程に定めない事項については、代表者が事務局員の意見を聞いて処理する。

（附則）
平成　　年　　月　　日より施行する。

(3) 監査機関

事業の執行状況、金銭の出納、経理状況、および財産状況について監督・検査したうえで、執行機関に意見を述べ、地権者会議で報告することがこの機関の役割です。

共同施行においては、代表者（および副代表者）以外の地権者は全員監事という位置づけになることが多いようですが、各監事はその職務の性格から独立した権限で監査機関としての職務を全うすべきであり、合議決議制を採用すべきではありません。

(4) 議決機関

1) 議決機関の役割と構成

共同施行の意思決定は、規約に定める会議の議決によります。この会議では、費用の分担、収支予算・決算等をはじめ事業におけるさまざまな事柄を決定するのはもちろん、利害が交錯する関係者の意見交換の場としても重要な役割を果たします。

この会議は通常、施行者である宅地の所有者、借地権者、および同意施行者から構成しますが、その他の関係権利者（法第8条第1項に規定される宅地について権利を有する者）までをも含めるか否かは地区ごとの判断によります。

個人施行の区画整理は、確かにこれら関係権利者すべての同意を得ながら進めていく事業なので、会議のメンバーに加えて意見を反映していくことが理想的ではありますが、いたずらに関係者を増やして会議が混乱するのは考えものです。このため、規約に定める会議の名称は地権者会議とし、その構成員は施行者となる地権者にとどめ、その他の関係権利者へ説明したり、法に定める同意を得たりする作業は、当該権利の目的となっている土地の地権者の役目とすることも現実的な対応です。

2) 地権者会議の開催

地権者会議は、予算・決算等を決めるために毎年度定期的に開催する通常会議と執行

役である代表者の要求などにより随時開催される臨時会議があります。

　会議の招集は法に定められているわけではありませんが、組合施行の総会に倣って、できれば5日前、遅くとも2日前までには関係者に通知したいものです。とはいえ、全員同意を旨とする事業ですから、実務的には関係者全員が出席できる日時・場所を臨機応変に調整して、開催する必要があります。やむを得ない場合に限って、議決権行使書や委任状による出席も認めます。

　召集通知には、次の事項を記載しておきます。
- 会議の日時
- 会議の場所
- 会議の目的（議決すべき事項）
- その他報告事項

　会議の進行は、やはり組合施行の総会に倣い、その都度会議の構成メンバーのうちから議長を選出し、その議長が担います。現実的には施行者の代表者が毎回議長となるケースも多いようです。組合施行と異なり、議長となっても議決権をもって採決に加わることができます。

　地権者会議の議決事項としては、次のものが考えられます。
- 規約の決定および変更
- 事業計画の決定および変更
- 借入金の借り入れおよびその方法ならびに借入金の利率および償還方法
- 経費の収支予算および決算
- 施行者の負担となるべき契約（予算をもって定めるものを除く）
- 費用の分担
- 換地計画
- 仮換地の指定
- 保留地の処分方法
- 事業の廃止、終了、引継
- その他規約で会議の議決を経なければならないものと定めた事項

　採決は、これまで繰り返し述べてきたとおり全員同意を前提とした事業ですので、議決権行使書や委任状による議決権も含めて原則全員一致のみです。しかしながら、いきなり議決事項を上程して、万が一にも会議が割れることは好ましくありません。よって、実務的な対応として、事務局が中心となり関係者に対してあらかじめ十分に説明し、一定の理解を得たうえで上程することが賢明です。

　地権者会議における議決結果はもちろん、議論のやりとりについても、事業運営の基礎となるので、その議事内容についてはきちんと議事録を作成し、保存しておく必要があります。議事録に記載する事項としては、次のものが考えられますが、できるだけ詳細な記録（発言者名とその発言内容等）を残したいものです。

- 開会の日時
- 開会の場所
- 議事事項
- 報告事項
- 採決した事項および賛否の数
- 出席した者の氏名（書面による者を区分する）

また、議事録には議長および出席した地権者のうち1人以上が議事録署名人として、記名捺印することが通例となっています。

4．財務管理

(1) 予算

　共同施行ではもちろんのこと一人施行であっても、区画整理事業を施行する以上、やみくもに経費を支出したり、当てのない収入を目論んで事業を進めたりすることはできません。毎年度しっかりと収支予算を立てたうえで、きちんと予算管理をしながら、事業を推し進める必要があります。

　そのためには、毎事業年度前にまずいつの時期にどういう事業内容を施行するのかという年度ごとの事業計画を作成します。次に、その計画を具現化するにはどれほど費用が必要で、実際にその支出は当該年度のいつになるのか、それに対して収入はいくら見込むことができて、いつ頃入金されるのかということを明確することにより、収支予算を編成するのです。その予算額は過年度の決算額と合わせて、認可を得た事業計画の事業費総額の範囲内でなければならず、やむを得ず事業費総額に納まらない場合は速やかに事業計画を変更しなければなりません。

　こうして立案した毎年度の収支予算は、共同施行では当該年度が始まる前に地権者会議の議決を得ておく必要がありますし、一人施行、共同施行ともに監督官庁である都道府県や市町村に報告しておくことが望ましく、さらには必要に応じて借入先金融機関に対しても報告しておくと事業の円滑な推進につながるでしょう。

　また、区画整理事業では必ずしも当初の予定どおりにことが運ぶとは限らず、さまざまな要因により年度の途中で予算の更正、補正、追加、削除等が生じることも珍しくありません。このため、比較的見通しを立てやすい四半期ごとに収支計画をつくり、予算管理していくことが賢明です。

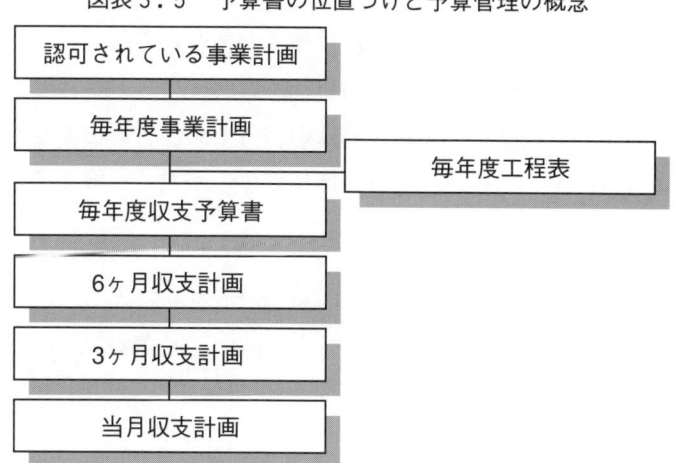

　なお、会計年度は国や地方公共団体に合わせて4月1日から翌年の3月31日とするのが、いろいろな面で都合が良いようです。　　　　　　　　　　　【様式3－10参照】

図表3.5　予算書の位置づけと予算管理の概念

```
認可されている事業計画
        │
    毎年度事業計画 ────── 毎年度工程表
        │
    毎年度収支予算書
        │
     6ヶ月収支計画
        │
     3ヶ月収支計画
        │
     当月収支計画
```

(2) **決算**

　決算についても、予算と同様に毎年度確実に行います。

　収支決算書は、支出した費目ごとに適正に区分整理し、事業の執行状況が分かるように、当該年度の予算と対比させるかたちで額を確定します。つまり、収支決算書は予算の執行が適正に行われたかを証明する計算結果であり、また事業が当初の予定どおりに進捗しているかを確認し、その後の事業運営を決定づける重要な資料となります。

　よって、共同施行の場合は執行機関である代表者および事務局が作成し、当該年度の事業報告書および財産目録とともに監事の意見を添えて、地権者会議に上程し承認を求めます。一人施行であっても同様に決算書類をまとめます。また、予算書のときと同じように監督官庁や借入金融機関へ報告することが望ましいでしょう。

　事業報告書は、当該年度にどういう事業内容がどれほど行われたか、つまりどれだけの成果が上がったかを報告するものです。収支決算書とあわせて見ることで、費用対効果を把握できるようにするのが事業報告書の役割です。

　財産目録は、当該年度末において保管している固定資産、動産、および現金等の財産を目録に整理し記載するものです。個人施行の場合、これらは個人の財産でもありますが、他の財産と区画整理事業に供する財産が混同しないように、明確に区分しておくことが賢明です。　　　　　　　　　　　　　　　　　　　　【様式3-11参照】

(3) **会計経理**

　これまで述べた予決算の処理はもちろんですが、日常の会計経理についても法定事業の事務であることを強く認識し、金銭および物品の出納を常に明らかにしておく必要があります。このため、通常は会計規程を制定して、これにもとづき厳正に処理します。

　借入金の借り入れについては、その時期、金額、借入期間を適切に判断して、不経済にならないようにすることはいうまでもありませんし、業務委託費、工事請負費、物品購入費等、予算の支出にあたっても適正に支出科目を整理し、請求書等関係書類を整えて会計規程に適合するよう処理します。

　事業期間中は、代表者や事務局員が業務に使う交通費や会議費といった経費が日常的に発生します。このため、事務所に相応の現金を常時保管し、そうした小払いに対応することも必要ですが、小規模な個人施行では事務所での保管もままならないことが多いので、一時的に当事者が立て替え、後日一括精算するかたちを取るのが現実的といえるでしょう。

図表3.6　会計規程の例

○○市○○土地区画整理事業
会計規程（案）

第1条（目的）
　この規程は、この事業の規約（以下「規約」という）第○条第○項の規定に基づき、会計事務を処理するために必要な事項を定めることを目的とする。
第2条（予算）
　毎事業年度の予算の総額は、事業計画に定める資金計画の総額を超えることができない。
2．事業に要する経費が当該事業年度の予算を超え、また当該事業年度の予算の範囲内で各款の額を変更するときは、規約第○条の規定を準用し新たに追加、または変更予算を調整し、これを更正する。
第3条（決算）
　毎事業年度の収支決算は、予算と同一の区分により調整し、予算額と対照して比較増減を示し、その理由を付記しなければならない。
2．前項の収支決算書には、監事の意見書を添付しなければならない。
第4条（繰越）
　毎事業年度の未払額、および不要額は、すべて翌年度の予算に繰越す。ただし事業を終了したときは、この限りでない。
第5条（流用）
　毎事業年度の予算に定めた各款の予算額は、流用することができない。
2．款内の各項の間の流用、および予備費を補充する必要が生じた場合は、代表者の責において判断する。
第6条（出納閉鎖）
　出納は、規約第○条の規定により毎事業年度末に閉鎖する。
第7条（備付簿書）
　この事業の会計簿書は、次に掲げるものとし、これを事務所に備付け整理する。
　ア．収支予算書（議事録、その他議決に関し定めた事項等）
　イ．収支決算書（監査意見書、監査報告、その他関係事項等）
　ウ．助成金整理簿
　エ．保留地処分金整理簿
　オ．借入金整理簿
　カ．雑収入金整理簿
　キ．現金出納簿
　ク．予算差引簿
　ケ．清算金徴収簿
　コ．清算金未納金整理簿
　サ．郵便切手等受払簿
2．前項各号の簿書に関係ある金銭の徴収交付の通知書、または納入金、および支払金の請求、受領関係証票書類、その他必要な書類は、一括つづりとしこれを整理する。
第8条（助成金）
　○○市、その他の助成金は、それぞれ助成金整理簿に記入しその事由を明らかにすると共に、申請書および交付通知書と照合整理するものとする。
第9条（徴収金）
　清算金の徴収は、清算金徴収簿に区分しそれぞれ納入通知書、領収証書、および徴収原簿ごとにその金額を照会整理するものとする。
第10条（雑収入）
　預金金利、その他の収入は、雑収入金整理簿により整理し、納入者を明記し領収証書を交付する。
第11条（郵便切手等）
　郵便切手、葉書および収入印紙は、郵便切手等受払簿により整理し現在高を現金と同様に取扱う。
第12条（領収証書等）
　この事業の支払は、すべて正当な受取人より支払請求書および領収証書を徴して行う。
　ただし代理人をもって金銭の領収を求める者があるときは、委任状を添付せしめる。
2．前項の規定による領収証書または委任状について必要あるときは、受取人の印鑑証明を添付せしめる。
第13条（訂正）
　諸帳簿および証票書類の文字は、これを塗り、または消し、あるいは貼付してはならない。
2．諸帳簿は、取扱者の訂正印、証票書類は、本人の証印がなければ、訂正することができない。
3．文書の文字を挿入または削除したいときは、その旨を欄外に記し、当該文書の発行者をして証印せしめる。
第14条（代表者への委任）
　この規定に定めない事項については、代表者が担当事務員の意見を聞いて処理する。

（附則）
この規程は、平成　　年　　月　　日より施行する。

コラム：個人施行区画整理に対する監督

　認可権者である都道府県知事は、区画整理事業の施行を認可した責任があるため、施行者の事業遂行について監督をする権限を有しています。

　法律違反はもちろん、事業内容が規準や規約、事業計画等に違反した場合は、施行者の行った処分の取り消しや変更、中止等の必要な措置を命ぜられます。最終的には施行認可の取り消しの規定も適用されます。そのため都道府県知事は、事業の内容について施行者に報告を求めたり、勧告や助言、援助を行ったりすることができます。

　認可権者の監督の対象となるのは、事業と会計です。事業とは事業の進捗状況や施設の管理状況などを中心として広く事業目的達成のために必要な事柄を指し、会計とは事業費の収入や支出の状況等を指しています。それが法（それにもとづく命令を含みます。）やそれにもとづく行政庁処分、規準、規約、事業計画、換地計画に違反していないかどうかが問われるのです。

　なお、認可を取り消された場合も公告の対象となりますし、個人施行者はその認可取り消しの公告があるまでは、第三者に対して事業が廃止されたとしても施行者としての責任があり対抗できないことになっています。

> ※以下に示す様式は、必ずしもすべての地区において適切なものとは限りません。それぞれの地区で作成するうえでの参考としてください。

様式3－1　事業施行認可の届出

第　　　号
平成　　年　　月　　日

○○法務局○○出張所長殿

○○土地区画整理事業施行者
（代表予定者）
○○○○　㊞

事業施行認可の届出について

　今般、○○土地区画整理事業施行者は土地区画整理法第4条の規定により、○○○知事より施行の認可を受けたので、同法第83条の規定により届出いたします。

　　1．施行地区　　　　　別添「地番表」のとおり

　　2．施行認可の公告　　平成　　年　　月　　日
　　　のあった年月日

　　3．施行地区の区域図　別添「区域図」のとおり

　　4．換地処分の予定時期　平成　　年　　月　　日

　　（添付図）　1．位置図
　　　　　　　　2．区域図

様式3－2　文書収受簿

文書番号	編纂番号	文書件名	差出人	年月日	備考

様式3－3　文書発送簿

文書番号	編纂番号	文書件名	宛名	年月日	備考

様式3－4　地権者会議開催通知書

第　　　　号
平成　　年　　月　　日

　　　　　様

　　　　　　　　　　　　　　　　　　　　○○市○○土地区画整理事業

　　　　　　　　　　　　　　　　　　　　　代表　○○　○○　㊞

　　　　　　　　　第　　　回　地権者会議開催について

　○○土地区画整理事業の平成○○年度第○回地権者会議を下記により開催いたしますので、定刻までにご出席くださるよう、通知申し上げます。
　ご出席に当たっては、別紙議案をご持参ください。
　なお、ご出席にさしつかえがある場合は、別紙委任状に記名捺印するか、もしくは別紙議決書に記名捺印することにより議決に参加できます。

　　　　　　　　　　　　　　　　記

1．日　　時　平成　　年　　月　　日（　）　時　　分
2．場　　所　○○市○○町○○○○番地
　　　　　　　　　　○○○○○○○○
3．議　　題
　　　　　　議案1号　○○○○○○○について
　　　　　　議案2号　○○○○○○○について
　　　　　　議案3号　○○○○○○○について
4．報告事項
　　　　　　○○○○○○○について
5．その他

　　　　　　　　　　　　　　　　　　　　　　　　　　　　　　以上

様式3－5　地権者会議議事録

〇〇土地区画整理事業

第　　回　地権者会議　議事録

1. 日　　　時　平成　年　月　日（　）　時　分～　時　分
2. 場　　　所　〇〇市〇〇町〇〇〇〇番地〇〇〇〇〇〇〇〇
3. 権利者の出欠

氏　　名	出欠

4. その他の出席者

5. 代表の挨拶

6. 議事録署名人の選出

7. 議事
   (1) 議案1号について
   (2) 議案2号について
   (3) 議案3号について

8. 報告事項

9. その他

〇〇土地区画整理事業

代表　　〇〇　〇〇㊞

議事録署名人　〇〇　〇〇㊞

様式3－6　出張命令簿

発令年月日	出張者	出張の目的・事由	出張先	期　間	仮払い額	代表者印
				～		
				～		
				～		
				～		
				～		

様式3－7　仮に権利の目的となるべき宅地、またはその部分の指定証明願書

平成　年　月　日

証　明　願

○○市○○土地区画整理事業
　　代表　○　○　○　○　殿

申請人住所
氏名　　　　　　㊞

○○市○○土地区画整理事業施行地区内の私が使用し、または収益できる権利を有する下記従前の宅地の仮換地について、仮に権利の目的となるべき宅地、またはその部分の指定がされていることを証明願います。

1．宅地の表示

証明申請地（従前の宅地）						証　明　地				摘要
町名	番地	地目	登記簿地積	申告地積	街区番号	符号	位置	地積	

2．証明書の使用先および必要な理由

注意：仮換地地積について、仮に権利の目的となる宅地は、確定測量の結果多少増減することがあります。

上記のとおり証明する。
平成　年　月　日

　　　　　　　　　　　　　　　　　　　○○市○○土地区画整理事業
　　　　　　　　　　　　　　　　　　　　代表　○　○　○　○㊞

様式3-8　仮換地証明願書

平成　年　月　日

証　明　願

〇〇市〇〇土地区画整理事業
　代表　〇　〇　〇　〇　殿

　　　　　　　　　　　　　　　　　申請人住所
　　　　　　　　　　　　　　　　　　氏名　　　　　㊞

〇〇市〇〇土地区画整理事業施行地区内の私が所有する下記従前の宅地の仮換地を証明願います。

１．宅地の表示

証明申請地（従前の宅地）					証　明　地				摘　要
町名	番地	地目	登記簿地積	申告地積	街区番号	符号	位置	地積	

２．証明書の使用先および必要な理由

注意：仮換地地積は、確定測量の結果多少増減することがあります。

上記のとおり証明する。
平成　年　月　日

　　　　　　　　　　　　　　　　〇〇市〇〇土地区画整理事業
　　　　　　　　　　　　　　　　　代表　〇　〇　〇　〇㊞

様式3－9　保留地証明書

平成　　年　　月　　日

〇〇市〇〇土地区画整理事業
　　代表　〇　〇　〇　〇　殿

　　　　　　　　　　　　　　　　　　申請人住所
　　　　　　　　　　　　　　　　　　　氏名　　　　　　　　　㊞

　〇〇市〇〇土地区画整理事業施行区域内の下記土地が、私所有の保留地であることを証明願います。

　1．土地の表示

工　区	街　区	番　号	地　積	備　　考

　2．証明書の使用先および必要な理由

　注意：保留地の面積は、確定測量の結果、多少増減することがあります。

　上記の土地は、土地区画整理法第96条にもとづく保留地であることを、証明致します。

　　平成　　年　　月　　日

　　　　　　　　　　　　　　　　　　〇〇市〇〇土地区画整理事業
　　　　　　　　　　　　　　　　　　　代表　〇　〇　〇　〇㊞

様式3-10　収支予算

　　　　　　　　　　　　　　　　　　　収入予算額　　　千円
　　　　　　　　　　　　　　　　　　　支出予算額　　　千円
　　　　　　　　　　　　　　　　　　　差引残高　　　　千円

収入（単位：千円）

款	項	本年度予算額	説明
第1款　施行者負担金			
	第1項：補助金		
	第2項：公共施設管理者負担金		
	第3項：助成金		
第2款　保留地処分金			
	第1項：保留地処分金		
第3款　借入金			
	第1項：借入金		
第4款　雑収入			
	第1項：預金利子		
	第2項：雑収入		
第5款　繰越金			
	第1項：繰越金		
収入合計			

支出（単位：千円）

款	項	目	本年度予算額	説明
第1款　総務費				
	第1項：会議費			
		第1目：会議費		
	第2項：事務所費			
		第1目：給料		職員給料
		第2目：諸手当		執務手当、通勤手当、残業代
		第3目：旅費		出張経費
		第4目：事務所借上げ費		
		第5目：備品費		机椅子等備品購入・リース料
		第6目：消耗品費		事務用品等の消耗品費
		第7目：光熱食糧費		電気、ガス、上下水道料、賄費

		第8目：通信運搬費		車リース、切手、電話料金等
		第9目：事務所管理費		建物修理、備品修理、固定資産税、火災保険、借地料等
		第10目：雑費		印刷、その他
	第3項：認可迄に要した費用			
		第1目：認可までに要した費用		
	第4項：償還金			
		第1目：借入金利子		
		第2目：元本償還金		
	第5項：雑支出			
		第1目：渉外連絡費		事業施行に関する渉外連絡に要する経費
		第2目：雑支出		冠婚葬祭費、弔慰金等
第2款　建設事業費				
	第1項：工事費			
		第1目：工事費		整地・公共施設整備・移設等
	第2項：補償費			
		第1目：補償費		建物工作物等移転補償費
	第3項：委託費			
		第1目：委託費		調査設計費
第3款　予備費				
	第1項：予備費			
支出合計				

様式3－11　収支決算書

　　　　　　　　　　　　　　　　　　　　　　収入決算額　　　　千円
　　　　　　　　　　　　　　　　　　　　　　支出決算額　　　　千円
　　　　　　　　　　　　　　　　　　　　　　差引残額　　　　　千円

収入（単位：千円）

款	項	予算額	決算額	差額
第1款：施行者負担金				
	第1項：補助金			
	第2項：公共施設管理者負担金			
	第3項：助成金			
第2款：保留地処分金				
	第1項：保留地処分金（または施行者負担金）			
第3款：借入金				
	第1項：借入金			
第4款：雑収入				
	第1項：預金利子			
	第2項：雑収入			
第5款：繰越金				
	第1項：繰越金			
収入合計				

支出（単位：千円）

款	項	目	予算額	決算額	差額
第1款：総務費					
	第1項：会議費				
		第1目　会議費			
		第2目　諸会議費			
	第2項：事務所費				
		第1目　給料			
		第2目　諸手当			
		第3目　旅費			
		第4目　事務所借上費			
		第5目　備品費			

		第6目 消耗品費			
		第7目 光熱食糧費			
		第8目 通信運搬費			
		第9目 事務所管理費			
		第10目 雑費			
	第3項：認可に要した費用				
		第1目 認可に要した費用			
	第4項：償還金				
		第1目 借入金利子			
		第2目 元本償還金			
	第5項 雑支出				
		第1目 渉外連絡費			
		第2目 雑支出			
第2款：建設事業費					
	第1項 工事費				
		第1目 工事費			
	第2項 補償費				
		第1目 補償費			
	第3項 委託費				
		第1目 委託費			
第3款：予備費					
	第1項 予備費				
支出合計					

第4章

事業の実施

第4章　事業の実施 — *153*

施行認可後の事業のながれ

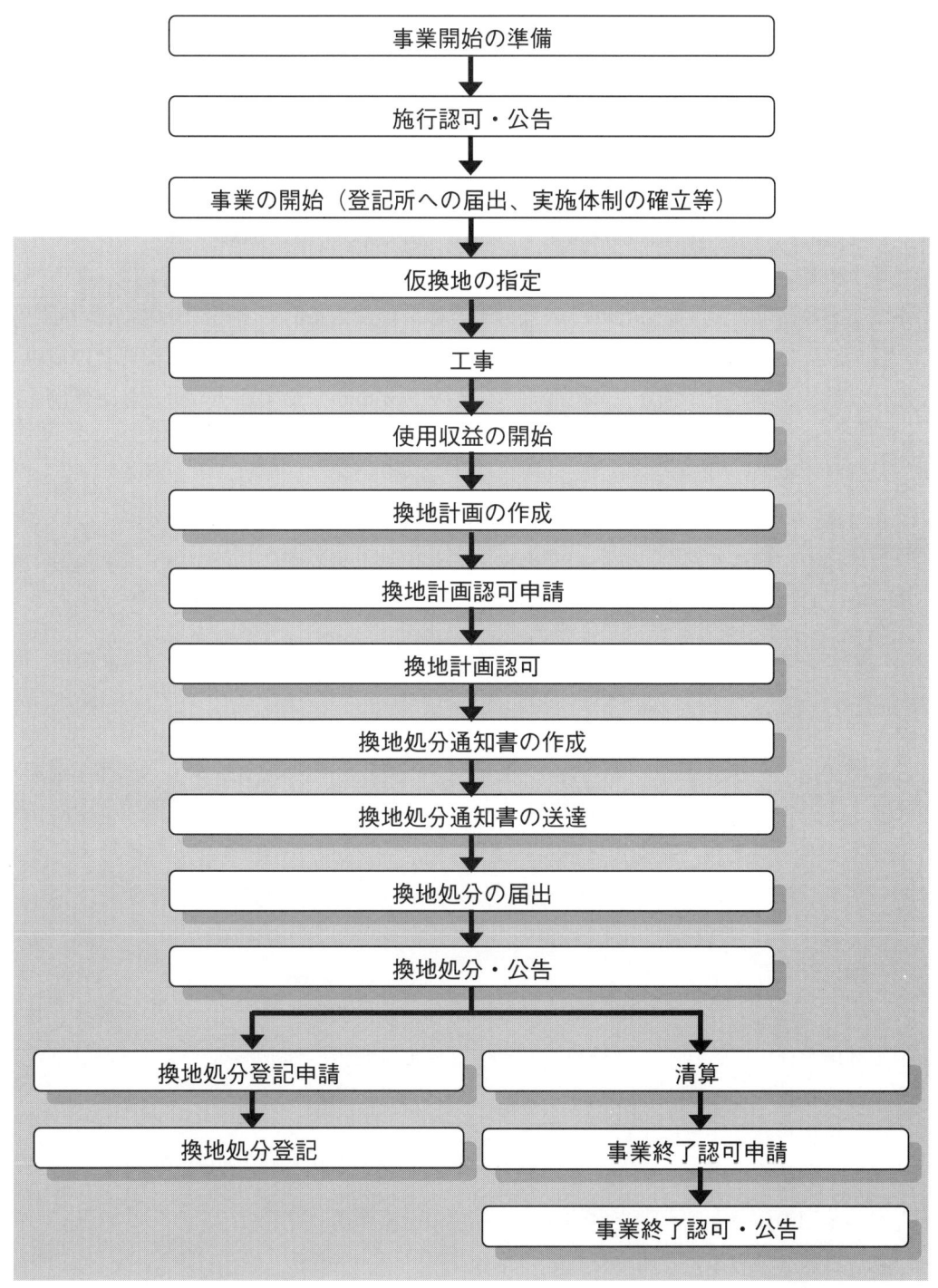

```
事業開始の準備
   ↓
施行認可・公告
   ↓
事業の開始（登記所への届出、実施体制の確立等）
   ↓
仮換地の指定
   ↓
工事
   ↓
使用収益の開始
   ↓
換地計画の作成
   ↓
換地計画認可申請
   ↓
換地計画認可
   ↓
換地処分通知書の作成
   ↓
換地処分通知書の送達
   ↓
換地処分の届出
   ↓
換地処分・公告
   ├────────────────┐
換地処分登記申請      清算
   ↓                ↓
換地処分登記      事業終了認可申請
                    ↓
                事業終了認可・公告
```

■ この章で扱う範囲

1．施行認可後の実務のポイント

本章では、前頁のフローチャートに示したように、施行認可後から事業終了までの実務を紹介します。施行認可後に区画整理事業で行われる手続きは、どの施行者によるものでも基本的には同じですが、ここでは特に以下の項目について詳述します。

① 仮換地の指定（使用収益停止）
　換地設計は基本的には仮換地指定など工事の開始前までに実施すればよいのですが、換地上に建物を建てることを目的に区画整理事業を活用する場合においては、なるべく事業準備段階に実施することがその後の事業の進捗に効果的です（詳細は第2章参照）。
　換地設計が終了したら工事に着手しますが、そのためには、従前地の権利者の使用または収益を工事の完了まで止めてもらうことが必要になります。その手続きが仮換地指定です。

② 工事
　仮換地指定が済んだら、あらかじめ立てておいた工事計画にしたがい、公共施設の設置や街区整備などの工事に着手します。その際には、監督（施工管理）が必要となります。

③ 使用収益開始通知
　工事が進み、仮換地が使用できるようになってきたら、地権者に使用収益開始通知を送ります。また、地権者がその仮換地を使用して建築を行う際には、建築確認申請に先立って建築工事を行うことが区画整理事業の妨げにならないかどうかの確認を行うため、知事に対して法第76条の許可申請が必要となります。

④ 換地計画認可申請
　工事がほぼ完了したら、従前地を換地の状態に法的に置き換えるための手続きとして換地計画を作成し、知事へ認可申請します。換地計画書の作成にあたっては、以下のような作業を行うことが必要になります。
　　ア．出来形確認測量の実施
　　イ．各方面との事前調整
　　ウ．地図の作製と国土調査法第19条第5項の認証申請
　　エ．換地計画の策定と関係権利者の承認

⑤ 換地処分通知
　換地計画の認可がなされたら、それを各権利者に知らせるための通知を行います。そ

の際には、あらかじめ発送対象者を調べておき、発送先が不明な権利者に対しては公示送達などの手段をとる用意も必要です。

⑥　換地処分の公告の申請

　換地処分通知書が行き渡ったら、知事に換地処分の公告をしてもらいます。この公告がなされたら翌日から、それまで法的には従前の状態であった権利関係が換地計画に定められた内容にしたがって換地に引き継がれます。

⑦　登記申請

　換地処分の公告がなされた翌日には登記所に換地処分登記の申請を行います。

　登記所は、作業中は区域内の登記を閉鎖して登記の書き換え手続きを行い、完了したら登記閉鎖が解除されて、それまでの従前の登記に代わって換地の状態で登記がお目見えします。

⑧　清算

　換地処分がなされたら、速やかに清算の事務を行います。清算は清算金の確定通知を清算の対象者に送付し、徴収または交付を行います。施行者は利息を付して清算金の交付や徴収を分割で行うこともできます。

⑨　終了認可申請

　これらの一連の手続きがすべて終了したら、施行者は区画整理事業の認可権者に対して事業の終了認可を申請します。そして、それが認可・公告されたのなら、区画整理事業はすべて終了です。

2．仮換地指定と使用収益停止

(1) 仮換地指定の目的と意義

　仮換地指定とは、換地処分までの間、地権者が従前地に代わって使用または収益する土地を指定することをいいます。

　区画整理事業では、従前の土地から換地に権利関係が移転するのは最終段階の手続きである換地処分によります。そのため、換地設計を行ってから現地の工事を行い、従前地に代わるものとして指定された土地（正確にはまだ換地とはいえませんので、換地処分までは「仮換地」と称します。）を使用できるようになっても、すぐには権利関係がそこに移りません。

　また、換地設計が終了して現地の工事に取りかかるときには、施行者は地権者の従前地に対する使用収益を止める必要があります。その手段として施行者は、地権者との契約で工事に関する同意を得る（「起工承諾」といいます。）か、もしくは従前地に代わって将来換地となるべき位置を指定する仮換地指定という行為を行います。

　地権者の数の多い大規模な地区などでは個々の契約を結ぶのが大変なため、仮換地指定といった行政処分に該当する措置を用いているのですが、小規模な地区などで地権者全員の同意が容易に得られるのであれば、必ずしも仮換地指定を行うことはありません。

　とはいえ、その後に続く建築確認申請の際に、区画整理地内では仮換地指定がなされていることを要件とする特定行政庁*もあったりするので、仮換地指定をきちんと実施し、従前地の使用収益を停止することが多いようです。また、市街地再開発事業との一体的施行を行う場合は、認可を受けた換地計画にしたがって指定された仮換地を市街地再開発事業の従前権利とするため、仮換地指定は必須条件となります。

　最初に、地権者が従前地に代わって使用収益する土地を指定することを仮換地指定だといいましたが、実際には現地の工事期間中は仮換地の使用も停止しますので、その間どちらの土地も使用できないことになります。それに対しては、施行者は従前地の権利者に補償により応えることが原則となります。しかしながら、街なかでのそうした補償は大変多額になり、自ら事業そのものの成立を阻むことになりかねません。したがって、本書で想定しているような街なかの小規模な個人施行では、全員が合意することで、そうした補償を行わないようにする、あるいは一部の特別な理由のある地権者のみ補償するにとどめることが多いようです。

　なお、実務上では仮換地はそのまま最終的な換地として換地処分を迎えるのが一般的ですが、換地処分までは事情によって位置や形状、面積などを変更することも可能です。

---

　*建築主事（建築確認を行う地方公務員）を置く市町村の区域については当該市町村の長をいい、その他の市町村の区域については都道府県知事をいいます。

(2) 仮換地指定の方法

　仮換地指定の方法としては、後述する仮換地指定通知を作って、従前地の所有者、借地権者に送付することになりますので、各筆の所有者や借地権者が誰なのかを最新の情報で確認しておかなければなりません。そのためには、たとえ小規模な地区で地権者をよく知っているとしても、登記所（法務局等）で登記簿を閲覧して、所有権者、借地権者のデータを最新のものにしておいた方が確実です。

　発送先が確認できたら、仮換地指定通知を発送します。通常は配達証明郵便を使用しますが、小規模な個人施行の区画整理事業の場合には手渡しの方が効率的かつ迅速なこともあります。その際には施行者は受取人から受領証を書いてもらいます。また、これ以外にも確実に配送または到達されたことが証明できる場合は、そのような手段によることも可能です。

　前述のように、従前地も指定された仮換地も使用収益できない場合は、「別途、使用収益できる日を定める」として仮換地指定通知を発送し、使用収益が可能になったら別途その旨の通知を行います。

　これらの通知は行政処分に該当しますので、行政不服審査法にもとづく審査の対象となります。したがって、審査の結果によっては仮換地指定、ひいては換地設計の変更が必要となることもありますので、注意が必要です。

　もっとも、個人施行の区画整理では仮換地を指定する際に、あらかじめ、その指定について、施行者は従前の宅地の所有者および関係権利者ならびに仮換地となるべき宅地の所有者および関係権利者の同意を得なければならない――すなわち関係権利者を含めた全員の同意が必要――と法第98条第3項で定められているので、そのような心配は無用かもしれません。

　なお、仮換地指定そのものは認可等を必要とはしませんが、前述のとおり行政処分行為に当たりますので、実務上は仮換地指定通知の発送に先立って認可権者に報告し、了解を得ておくことが必要になります。

(3) 仮換地指定の時期

　通常の区画整理事業では、事業の認可後に行う実施設計や街区確定測量の成果を得て換地設計を行い、その結果を受けて工事を始めるために仮換地を指定することが多いのですが、繰り返し述べてきたように、街なかで行う個人施行の区画整理では、認可前に換地設計まで済ませ、その内容についてもあらかじめ合意した上で事業を進めてきているはずですので、施行認可を得たらすぐに仮換地を指定することができます。

　特に、換地上に建築物を建てることを目的として個人施行の区画整理事業を活用するプロジェクトでは早期の建築物の竣工・開業が求められるため、建築工事、建築確認申請等の工期・工程を逆算して、仮換地指定の時期を定める必要があります。そして、公共施設工事等が完了して使用収益が開始されたのなら、速やかに後述する法第76条の許

可申請および建築確認申請を行うことで早期の建築工事の着手を目指します。

　街なかでは大規模な造成工事を行う必要性は少ないため、道路等の公共施設整備も建築工事と同時並行的に進められるような場合には、仮換地指定がなされたら即刻建築工事が可能となることも考えられます。ただし、こうした建築確認の手続き等との関係については行政の判断になるため、実務上はあらかじめ十分に協議し、調整したうえで進めることが重要となります。

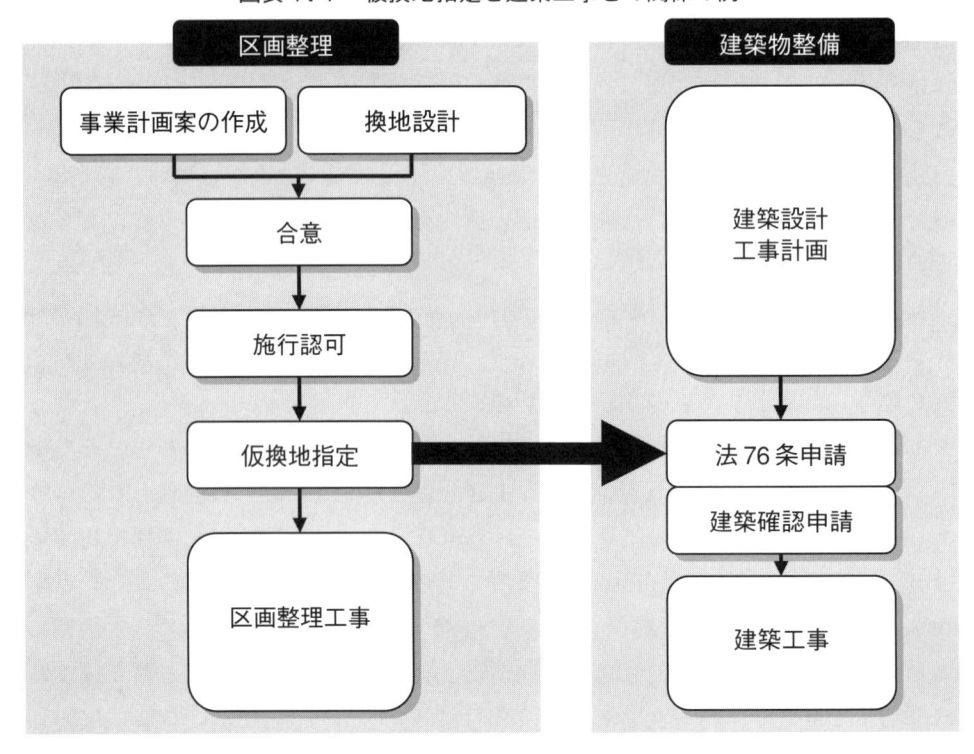

図表4.1　仮換地指定と建築工事との関係の例

```
【区画整理】                          【建築物整備】

 事業計画案の作成   換地設計
        ↓    ↓
         合意                        建築設計
          ↓                          工事計画
        施行認可                         ↓
          ↓
       仮換地指定  ──────────→   法76条申請
          ↓                       建築確認申請
       区画整理工事                      ↓
                                    建築工事
```

(4) 仮換地指定の図書

　仮換地指定通知は通常、地権者ごとに作る仮換地指定通知書、仮換地指定位置図、仮換地指定図といった書類で構成されます。

① 仮換地指定通知書

　地権者が権利を有する従前地の内容（町丁目・地番、地目、地積）と、換地設計によって決定した仮換地の場所（街区・画地番号、部分の場合はその部分を特定できる内容）、面積、所有権者に対する通知で借地権がある場合はその内容を記します。

　宛名に用いる氏名・住所や従前地の内容については、登記簿にあるものをそのまま記載します。地積欄には基準地積もあわせて表示します。当該地権者に複数の従前地がある場合には、行を変えてすべて表示しますが、この場合仮換地との組合せに合わせて表

示する必要があります。

　仮換地の内容については、通知上では換地設計で得られた面積を平方メートル止めで表示します。これは、換地は工事完了後に現地を測量して確定することから、当然換地設計の計算結果とは若干ながら差が生じるため、あまり仮換地指定の段階で細かく（小数点以下まで）表示すると、地権者に誤解を与える恐れがあるからです。

　最終的に区画整理登記を申請する際には、不動産登記法の規定にしたがって、宅地等は小数点以下2桁まで、それ以外は平方メートル止めとなります。なお、清算金明細には地目にかかわらず、小数点以下2桁まで表示するケースがあります。

図表4.2　仮換地指定通知書（鑑）の例

○○第○○号
平成　年　月　日
＜指定番号○○＞

○○市○○町一丁目7番15号
　　甲野　太郎　様

○○市○○土地区画整理事業
　　代表　○○　○○　㊞

仮換地指定通知書

　○○市○○土地区画整理事業施行地区内のあなたが所有する宅地について、土地区画整理法第98条第1項の規定により下記のとおり仮換地を指定しますので、同条第4項の規定により通知します。

記

従前の土地				仮換地				記事
町丁目・地番	地目	地積 〈基準地積〉	街区番号	符号	位置	地積	
○○町二丁目 12－6	宅地	227.46m^2 (229.33m^2)	2	12－6	添付図面のとおり	197m^2	
仮換地の指定の効力発生の日			平成○年○月○日				

〈注〉　この通知記載の「仮換地の指定の効力発生の日」から、この仮換地を使用し、または収益することができますが、従前の宅地については使用し、または収益することができません。

　仮換地の使用収益の開始を別途定める場合は、その旨を記述する必要があります。
　なお、これら従前の宅地についての地権者に行う通知を「表指定」と呼び、その仮換地となるべき土地の従前の地権者に行う通知（表指定の仮換地指定通知と区別するために「他の宅地についての仮換地指定の通知」といいます。）を「裏指定」と呼ぶことがあります。

【様式4－1～4－4参照】

② 仮換地指定位置図

地区全対の街区の配置を示す図で、どの街区に該当する仮換地があるかを示します。対象街区に丸印を付けたり、着色したりして位置を特定できるようにします。

対象街区が複数ある場合は、同じ図ですべての街区に印等を付けます。

街区数が少ないなど小規模な地区では次の仮換地指定図と兼ねてもかまいません。

③ 仮換地指定図

基本的に仮換地指定図は、街区単位で作成します。縮尺は1/500が基本ですが、用紙をA4版もしくはA3版サイズで作成しますので、大きな街区でその中に街区全体が収まらない場合は、縮尺を小さくしたり、街区の途中で図を分割したりします。

仮換地指定図には、街区と道路の位置関係がわかるように、周辺の街区の一部を表示したり対象となる仮換地の位置がわかるように、対象街区内のすべての仮換地の境界を表示します。

そして、対象となる画地に丸印を付けたり、着色したりして指定する仮換地を示します。同じ街区に複数の指定する仮換地がある場合はそのすべてに丸印等を付けます。また、指定する仮換地が複数の街区にまたがるときは、対象となるすべての街区の図を一緒に綴じます。

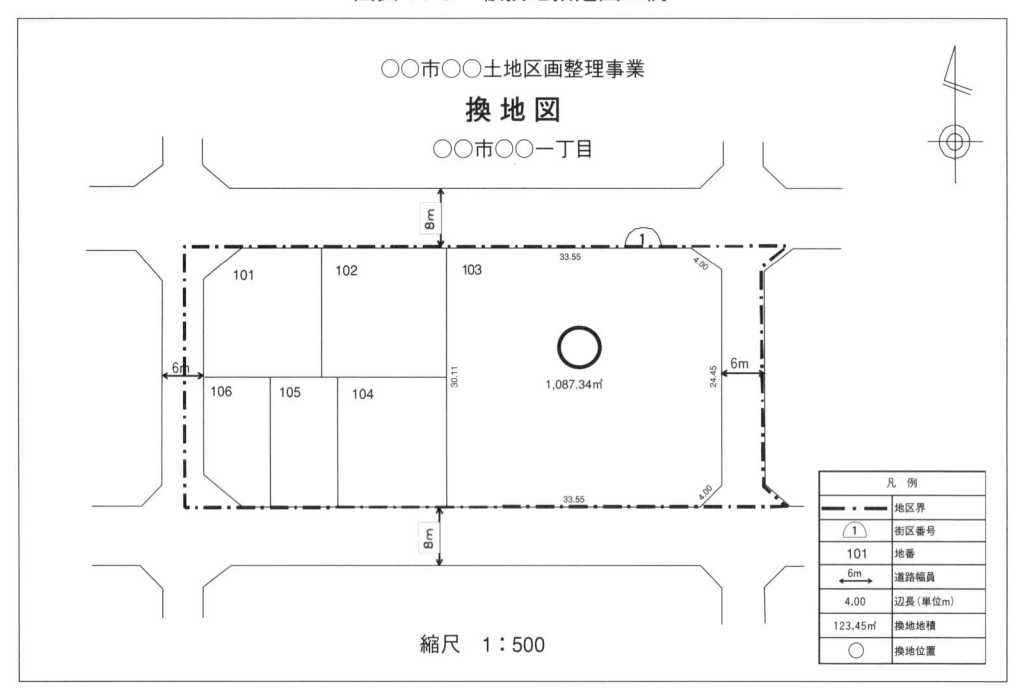

図表4.3 仮換地指定図の例

なお、上記以外に参考として以下のような書類を添付することがあります。

④　今後の手続きに関するお知らせ

　仮換地指定がなされると、基本的にその効力発生の日から従前地の使用収益は停止され、指定された仮換地上で使用収益をすることができるようになります。これにより、区画整理手法を活用する建物主体のプロジェクトでは、仮換地指定後すぐに建築工事に着手できるようになります。

　しかし実際には、整地や公共施設の整備等、現地の工事が完了しないと仮換地を使用できる状態にならないこともあるので、使用収益開始の日を別途定める様式で仮換地を指定するケースもあります。

　そのようなケースでは、仮換地指定の効力発生日に従前地の使用収益が停止されますが、仮換地の使用収益は別途通知があるまでできませんので、その間は例えば住宅であれば仮住まいをしてもらうとか、商店なら仮店舗で営業してもらうといった対応が必要となります。そうした対応は施行者が補償の一環として行うことになります。

　ただし、仮換地指定の効力発生日を過ぎていても、実際に工事にかかるまでに期間があるような場合は従前の土地利用をそのまま続けてもらうことも可能です。その間の補償は必要ありません。

　以上のような対応を地権者に周知させるために、仮換地指定時にそうした内容を説明したお知らせ文などを添付することもあります。

⑤　法第76条の申請に関する説明書

　仮換地の使用収益が開始された後は、建築等が可能になりますが、建築等の工事が区画整理事業の工事に影響を及ぼす恐れがないかどうかを施行者が判断する必要がありますので、建築確認申請に先立って（または同時に）都道府県知事に対して許可申請をします。これを法第76条の申請と呼んでいます（詳しくは本章5．参照）。

　仮換地指定通知書やその後の使用収益開始の通知に、その法第76条申請に関する説明文等を添付することもあります。　　　　　　　　　　　　　　　【様式4－5参照】

(5)　仮換地に指定されない土地の管理

　仮換地を指定した結果、地権者の誰もが使用収益することのできなくなる従前の土地が生じます。

　それは、施行前では宅地だったところが施行後に公共施設用地となる土地です。この土地については、仮換地の指定により従前の地権者は使用し収益することが当然停止されますが、将来の公共施設用地ですから、代わりに他の地権者の仮換地として指定されるわけでもないので、地権者個人としては誰も使用収益することができなくなります。だからといって、公共施設の引継ぎが未だ終わっていませんから、将来の公共施設管理者に管理してもらうわけにもいきません。

　そこで、仮換地を指定により、当該土地を使用し、または収益することができる者の

いなくなった時から換地処分の公告がある日までは、施行者がこれを管理することになります。

3．区画整理の工事

仮換地の指定がなされたら、区画整理の工事に着手できます。

区画整理の工事としては、道路や公園等の公共施設の整備や、整地し擁壁等を築造する宅地の造成、上下水道、ガス、電気等の法第2条第2項該当工事などがありますが、これらの工事にあたっては、以下の手順を踏んで実施します。

(1) 工事開始までの準備

① 現地調査と工事設計

工事の開始にあたっては、まず、現地調査を行って現地の状態を確認し、その結果に応じて工事に必要な設計を行います。

② 関係機関等との協議

工事期間中は道路など公共施設の暫定的な配置変更や、供給処理施設関係（電気、水道、ガス、電話、CATV等の光ケーブル等）の付け替えが必要となります。また、最終的には区画整理事業の工事そのものとして、道路などの公共施設を新設したり、供給処理施設の事業者に新たな施設の設置を依頼したりする必要があります。

こうした施設の工事については、スケジュールや手続きの確認等を関係機関と区画整理事業の工事開始前に調整しておくことが重要となります。

また、道路の配置変更や新設等においては交通規制の必要性もありますので、警察との協議も必要となります（なお、交差点に関する協議については、事業計画策定時に行っておきます）。

個人施行の区画整理を活用する建物主体のプロジェクトでは、すでに事業計画策定時において、区画整理事業で行う工事と建築工事で行うものを検討し、整理しているはずですが、この段階において双方の工事業者を交えて、いわゆる出会い丁場となる箇所の工事などについては、その時期や内容等を詳細に協議しておかなければなりません。

③ 工事計画の策定

上記で作成した工事の設計や関係機関等との協議で詰めたスケジュール等をもとに、工事の施行についての詳細な計画を作成します。

(2) 施工業者の選定

工事の実施に際しては、施工業者を適正に選定する必要があります。個人施行だからといって、選定にあたり賄賂の収受等があっては決してならず（法第137条により懲役刑に処せられます。）、法定事業の施工業者を選定する自覚が施行者には求められます。そのためには、地権者会議の承認を得た工事請負規程にもとづいて、公正に選定するこ

とが望ましいでしょう。

特に補助金等公的な資金によって行う工事については、厳正な手続きが必要ですので、注意しなければなりません。

図表4.4　工事請負規程の例（公的資金導入の場合）

○○市○○土地区画整理事業
工事請負規程（例）

第1章　総則

第1条（目的）
　この規程は、○○市○○土地区画整理事業規約（以下単に「規約」という）第○条の規定により、請負により本事業の工事を施行するために必要な事項を定めることを目的とする。

第2条（契約の方法）
　工事の請負契約は、指名競争入札、および随意契約の方法により締結するものとする。

第3条（指名参加願の提出）
　代表者は、指名を受ける者の資格を審査しようとする場合は、工事の種類、規模、内容、工期等を勘案し、広く適任の請負業者を選定し、指名願を提出せしめなければならない。

2．前項の指名願には、次の各号に掲げる書類を添付せしめなければならない。
ア．経営事項審査申請書（写）
イ．工事経歴書
ウ．営業所一覧表
エ．建設業許可証明書
オ．年間平均完成工事高
カ．経営規模等総括表
キ．業者カード
ク．工事の安全成績、および退職金給付の状況を記載した書面
ケ．審査基準日の直前1年の各営業年度の貸借対照表、投資計算書、および利益処分に関する書類

第4条（指名を受ける資格）
　指名を受ける資格は、前条の指名願提出者で地権者会議の決定により的確と認めたもの。

第5条（指名基準）
　地権者会議は、前条に規定する者の中から入札に参加する請負業者を決定する。

第2章　指名競争入札

第6条（入札者の指名および通知）
　代表者は、指名競争業者に入札期日の10日前までに次の各号に掲げる事項を、その指名する業者に通知しなければならない。
ア．入札に付する事項
イ．設計説明をする場所、およびその日時
ウ．入札および開札の場所、ならびに日時
エ．入札保証金に関する事項
オ．無効入札に関する事項
カ．その他の必要事項

第7条（入札保証金）
　代表者は、指名競争入札に参加しようとする者の見積金額の100分の5以上の入札保証金、またはこれに代わる担保を納付、または提出させなければならない。

2．前項に規定する担保は、次に掲げるものとする。
ア．国債、地方債
イ．鉄道債権、その他政府の保証のある債権
ウ．銀行が振出し、または支払保証をした小切手
エ．その他代表者が確実と認める担保

3．入札保証金、およびこれに代わる担保は、入札終了後でなければ還付することはできない。ただし落札者に対しては、契約締結後還付するものとする。

4．入札保証金には、利子は付さないものとする。

5．代表者は、次に掲げる場合は、地権者会議に諮り第1項の規定にかかわらず入札保証金、またはこれに代わる担保の全部、もしくは一部を納付、または提供させないことができる。
ア．指名競争入札に参加しようとする者が、保険会社との間に本事業施行者を被保険者とする入札保証金契約を締結したとき
イ．指名競争入札に付する場合において指名競争入札に参加しようとする者が、過去2年間に工事規模、内容をほぼ同じくする契約を2回以上にわたって締結し、かつこれらすべて誠実に履行したとき、またはその者が契約を締結しないこととなる恐れがないと認められるとき

第8条（予定価格）
　代表者は、その入札に付する事項の価格を当該事項に関する仕様書、設計書等によって予定

し、その価格を定めなければならない。
2．予定価格は、予定価格調書に記載し、封書にし、開札の際これを開札の場所に置かなければならない。

第9条（最低制限価格の設定）
　代表者は、指名競争入札による工事請負契約について個々の入札に当り、次に掲げる最低制限価格を設定することができる。
　　　　予定価格の100分の60

第10条（入札書）
　入札は、入札に必要な事項を記載し封書にして行わなければならない。

第11条（開札）
　代表者は、監事の立ち会いのもとに開札する。
2．開札は、公開で行うものとする。ただし秩序の維持に支障があると認めたときは、入札者に退場を求めることができる。

第12条（入札書の無効）
　入札が次の各号の一に該当する場合は、その者の入札は無効となる。
ア．入札参加の資格が無くして入札したとき
イ．入札保証金を納付しないとき、またはその額が不足するとき
ウ．入札書に記名捺印のないとき
エ．入札首標金額を訂正したいとき、または記載がないとき
オ．記載事項について判読できないとき
カ．同一事項について2通以上の入札書を提出したとき
キ．代理人で委任状を提出しないとき、または他人の代理を兼ね、もしくは2人以上の代理をしたとき
ク．入札者が協定して入札したと認められるとき
ケ．その他入札に対して不正の行為があったとき

第13条（落札の決定）
　入札額が、落札予定価格以下の入札額で、最低価格の入札書を落札者とする。ただし第9条に規定する最低価格を定めた場合は、その価格を下らない最低価格の入札者をもって落札者とする。
2．落札となるべき同価格の入札をした者が2人以上あるときは、ただちに当該入札者にくじを引かせて、落札者を決めなければならない。

第14条（再入札）
　代表者は、前条により落札者を決定することができないときは、ただちに再入札を行うものとする。
2．再入札を3回行ってもなお落札者を決定することができない場合は、随意契約することができる。

第15条（落札の取消）
　代表者は、落札者が次の各号の一に該当すると認めたときは、落札を取消すことができる。
ア．落札決定の日から7日以内に契約を締結できないとき
イ．入札の際に不正があったと認められるとき
ウ．入札の資格に欠け、または欠けたことを発見したとき

第16条（随意契約）
　随意契約によることができる場合は、次の各号に掲げる場合とする。
ア．緊急の必要により競争入札に付することができないとき
イ．競争入札に付することが不利と認められるとき
ウ．時価に比べて有利な価格で契約を締結することができる見込みのあるとき
エ．競争入札に付し入札者がないとき、または再度の入札に付し落札者がないとき
オ．落札者が契約を締結しないとき
カ．現に施工中の工事に関連して施工する工事の契約でその性質、または目的が競争入札に適しないとき

第17条（見積書の徴収）
　代表者は、随意契約の方法によろうとするときは、2人以上の者から見積書を徴するものとする。ただし特別の事情のある場合には、この限りでない。

第18条（準用規定）
　第6条および第8条の規定は、随意契約の場合において準用する。

　　　　第3章　契約の締結
第19条（締結の時期）
　代表者は、落札決定した後、7日以内に落札者と工事請負に関する契約を締結しなければならない。

第20条（契約書）
　代表者は、契約を締結しようとするときは、工事請負契約書を作成し、契約の相手と共に契約書に記名捺印しなければならない。

第21条（保証人）
　代表者は、契約の相手方に確実と認める保証人を立てさせるものとする。ただし契約金額が100万円以下で、地権者会議でその必要がない

と認めるときはこの限りでない。
2．前項の保証人は、契約者に代わって契約を履行し、または契約のいっさいの損害を負担し得る資力を有する者であること。
3．県内に居住するもの、または県内に本店、支店、もしくは営業所を有する法人であること。

第22条（関係図書の提出要求）
　代表者は、契約締結を完了したときは、その日から7日以内に工事工程表、および施工計画書の提出を求めるものとする。
2．代表者は、契約の相手方が工事に着手したときは、速やかに着手届を提出させなければならない。

第23条（契約の履行確保）
　代表者は、契約者に工事請負契約に定めた事項を忠実に履行せしめなければならない。

第24条（契約の変更）
　契約の相手方が天災事変、その他止むを得ない理由により、期間内に義務の履行ができない場合には、契約を変更することがある。
2．代表者は、事業の都合により必要があると認めたときは、地権者会議に諮り、双方協議の上契約の内容、および期間の変更、ならびに一時停止することができる。
3．前項の規定により設計変更をした場合は、当初設計金額に対する契約金額の割合に応じて、契約金額を変更するものとする。ただし1,000円未満の端数は切捨てる。

第4章　雑則

第25条（帳票等）
　工事請負契約に必要な帳票は、別表のとおりとする。

別　表

入札執行通知書
予定価格調書
入札（見積）書
入札結果表
工事請負
工事着手届
主任技術者届
工事完成届
工事完成検査報告書
工事受渡書
出来高検査願書
工事出来高検査報告書
出来高払請求書
工事台帳

第26条（代表者への委任）
　この規程に規定するもののほか、工事を請負により施工するため必要な事項は、地権者会議に諮り代表者が定めるものとする。
2．工事の施工が急施を要し、前項により地権者会議に諮る暇がないとき、または軽易な変更事項については、事務局の意見を聞き、代表者が定めることができる。

第27条（入札結果等の公表）
　代表者は、入札結果等について希望する地権者に閲覧できるようにしなければならない。

（附則）
この規程は、平成　　年　　月　　日より施行する。

(3) 工事の実施

　工事計画ができあがり、施工業者を適正に選定したのなら、工事に着手します。
　工事期間中は、工事の進捗状況と工事計画にズレがないかの確認・調整が重要となりますが、換地上に建築物を建築するために区画整理事業を活用するプロジェクトでは特に以下の事柄に留意する必要があります。

① 迅速性の確保

　長期化という事業リスクを回避するために、手戻りなく迅速に工事を進めることが重

要となります。

　そのためには、建築工事や他の事業者とのスケジュールの調整、建築工事等他の作業との同時進行の可否判断、前倒しでの計画作成等といった対応が必要です。

　また、効率的にプロジェクトを進めるためには、仮換地指定が終了したら、速やかに工事を始めることも重要です。そのため、通常ならば換地設計を完了した後（仮換地指定と同時期）に詳細な工事計画を作成することになるのですが、小規模な事業で換地の内容があらかじめ決まっているような場合は、事業計画の作成と同時に工事設計も可能になる場合が多いので、できるだけ早めに工事計画を作成します。同時に、あらかじめ設計書を作成するなど十分に準備し、施行認可されたら直ぐに施工業者を選定できるようにしておくことも重要です。

② 建物整備事業との連携

　敷地の整地等については、建築側で行うことも多いため、区画整理側で整地工事が不要となる場合が考えられます。また、道路の整備工事等も建築側で道路法等の手続きを行うことで対応することも考えられます。

　こうした対応については建物の事業者や施工業者等とあらかじめ十分に連絡、調整して、主体となる建築側のスケジュールに合わせた工事計画を立案します。

③ 地区周辺への配慮

　地区周辺に対し、工事のための立ち入り等が必要になる場合などは、立ち入り等の開始にあたって事前に広報するか、挨拶等を行うことが必要となります。

　現地調査で地権者の土地に立ち入りが必要となる場合、市町村長の認可を受ければ施行認可の前後を問わず、占有者に通知することで施行地区外でも立ち入りが可能になりますので、あらかじめその認可を受けておくとよいでしょう（第2章2．(9)4）参照）。

　また、本書ではあまり大規模な区画整理を想定していませんが、規模によっては環境アセスメントの手続きが必要となりますので、注意しましょう。

④ 建物の移転と補償

　事業の遂行上、従前の建物移転が必要な場合基本的には補償をかけて、移転を行います。

　移転方法としては、建物を解体して別の場所で再建する再築移転と、建物をそのまま移動する曳き移転（曳き家ともいいます。）があります。

　どちらにしても、一般の区画整理事業では、施行者が移転対象となる建物の所有者に対して移転に必要な費用を補償して、所有者に移転してもらいます。

　ただし、こうした移転補償費は、街なかでは特に区画整理事業費の中で大きな割合を占めることになりますので、換地上での建物整備を主目的とした小規模な地区での事業

では、建物整備を目指す地権者の所有する建物については、補償しない等の取り決めを地権者の合意によって行うことで、事業費の縮減を図る例も多くなっています。

> **コラム：建物の移転工法（実は高層ビル以外何でも曳けます？）**
>
> 　従前の建物の移転は、主に木造の建物を比較的近距離に移す場合は、曳き家工法と呼ばれる方法が使われます。
>
> 　これは、基本的に建物の基礎から建物を切り離して油圧ジャッキなどで浮かしてレール等の上を台車に乗せて動かし、移転先に整えておいた基礎の上に移す工法で、比較的古くから行われています。
>
> 　それに引き替え、少し距離が離れた場所へ移転する場合は、木造などであれば建物を解体してパーツごとに運び、移転先でそのパーツを再度組み立てる解体移築という方法や、すべてを新しく建て直す再建（再築）という方法が使われます。
>
> 　最近では技術の進歩で、距離があっても、また途中に段差があっても、建物を曳くことは可能になってきています。さらに、木造に限らず鉄骨造や中層程度の鉄筋コンクリート造でも曳くことはできます。
>
> 　しかし、特別な曳き家の場合は費用が高額に上るため、文化財などの特殊な建物以外は再築でも金額が変わらない、むしろ安価な場合もあるようです。

4．使用収益開始通知

　区画整理の工事がある程度進捗して仮換地の使用が可能になったら、地権者に対して施行者は使用収益が可能になった旨を地権者に通知して、使用または収益を開始してもらうようにします。

　換地上に建築物を建築するために区画整理事業を活用するプロジェクトでは、早期の建築工事着手が重要ですので、時期がきたら速やかに使用収益開始の通知を各地権者に送付することが求められます。

　その際には、建築確認申請に先立ち、法第76条の申請が必要となることを周知させておく必要があります。

図表4．5　使用収益開始通知の例

```
                                        番      号
                                    平成    年    月    日
            殿
                              ○○市○○土地区画整理事業
                                施行者  ○  ○  ○  ○㊞

              仮換地の使用収益開始の日の通知

  平成   年   月   日番号で指定した仮換地について、使用し、または収益を開始する
ことができる日を、下記の通り定めたので通知します。

                         記

              平成    年    月    日

(注)
この通知について不服があるときは、この通知を知った日の翌日から起算して60日以内に○○
県知事に審査請求することができます。（審査請求書の記載事項は、行政不服審査法第15条に
規定されています。）
```

コラム：関係権利の調整

◇地代等の増減の請求等

　区画整理事業の施行によって使用収益権の利用増進や阻害があった場合、従前地に賃貸借契約が締結されている場合は、法第113条によりその契約内容にかかわらず関係権利者は地代等の増減を請求することが可能とされています。

　また、所有者等から地代等の増額の改定請求があった場合、権利者は権利放棄や契約解除を

行うことが可能とされています。

　これらの規定は事業が契約内容に影響を与えた場合に、その是正が可能になるように設けられた規定で、有償で行われる土地の使用収益に関する以下の権利が対象とされています。

- 地上権
- 永小作権
- 賃借権
- 承益地地役権
- その他土地を使用し収益することができる権利

　地代等の増減の請求は、換地処分の公告から2ヶ月を経過するとできなくなります(法第117条)。

　また、地代等の増減の請求は関係権利者間のやりとりになりますが、区画整理事業の実施に伴う改定であるため、関係権利者間の調整において施行者の協力も必要になると考えられます。

◇権利の放棄

　区画整理の施行によって、使用収益権や地役権がその設定した目的を達成できなくなった場合に権利者は権利放棄や契約解除ができます（法第114条）。

　この場合、権利の目的となっている土地を他の人に使用収益させている場合はその人の同意が必要となります。また、権利放棄や契約解除によって損害が生じた場合は、施行者に対して賠償の請求が可能ですが、施行者が補償をした場合、施行者は所有者や賃貸人等が受ける利益の限度について求償できます。

　基本的に土地の使用収益に関する以下の権利が対象とされていますが、権利の放棄や契約解除の請求は、換地処分の公告から2ヶ月を経過するとできなくなります（法第117条）。

- 地上権
- 永小作権
- 賃借権
- 承益地地役権
- その他土地を使用し収益することができる権利

　また、権利の放棄にあたっては、関係権利者間のやりとりになりますが、区画整理事業の実施に伴う改定であるため、関係権利者間の調整において施行者の協力も必要になると考えられます。

◇地役権の設定請求

　区画整理の施行によって地役権の利益が受けられなくなった地役権者は、従前と同一の利益を受ける範囲で地役権の設定の請求が可能です（法第115条）。ただし、法第113条第1項の規定により地役権の対価の減額が行われた場合はこの地役権の設定請求はできません。

　地役権の設定請求は、換地処分の公告から2ヶ月を経過するとできなくなります（法第117

条)。

　また、地役権の設定請求にあたっては、関係権利者間でのやりとりになりますが、区画整理事業の実施に伴う設定であるため、関係権利者間の調整において施行者の協力も必要になると考えられます。

◇移転建築物の賃貸借料の増減の請求と賃貸借契約の解除の請求
　区画整理の施行によって建築物の移転が生じ、利用状況がよくなったり、逆に阻害が生じたために従前の賃貸借料が現状と合わなくなったりした場合は、その契約内容にかかわらず当事者は賃貸借料の増減の請求が可能となっています（法第116条）。そのうち、賃借料の増額の請求があった場合は、賃借権者は契約を解除することができます。
　また、建築物の移転によって賃借権者が賃借の目的を達せなくなった場合は、賃借権者は契約の解除が可能です。その場合、契約を解除した賃借人は施行者に対して契約解除で生じた損害に対する補償を請求できます。また、施行者がその補償をしたときに賃貸人に利益がある場合は、施行者は賃貸人に対して求償できます。
　この賃貸借料の増減の請求と移転による賃借権者の契約の解除の請求についても、換地処分の公告から2ヶ月を経過するとできなくなります（法第117条）。
　また、このような賃貸借関係の変更等については、関係権利者間のやりとりになりますが、区画整理事業の実施に伴う変更・解約であるため、関係権利者間の調整においてやはり施行者の協力も必要になります。

5．法第76条申請

　区画整理事業を活用して換地上に建築物を建築するプロジェクトでは、仮換地が指定され、区画整理の工事がある程度進捗し、仮換地を使用収益できる状態になったのなら速やかに、あるいは区画整理の工事と同時並行的に建築工事を進めるために、仮換地指定と同時に、法第76条に規定される建築行為等の許可を得る申請を行い、早期の建築工事着手を目指します。

(1) 法第76条の趣旨

　区画整理事業の認可後、施行地区内で施行者以外が土地の形質の変更もしくは建築物その他工作物の新築、改築もしくは増築を行い、または法令で定める移動の容易でない物件の設置もしくは堆積を行おうとする者は、都道府県知事の許可を受けなければなりません。施行者以外の者がこうした行為を好き勝手に始めてしまうと、区画整理事業の施行に支障をきたすからです。したがって、都道府県知事は法第76条の申請があった場合、施行者の意見を聴いたうえでなければ、許可することができません。

　区画整理施行地区内で建築物を建てる場合は、建築確認申請書にこの許可証を添付することが求められますから、たとえ個人施行の区画整理事業の施行者と建築物の建築主が同一人物であったとしても、この手続きは必要です。

　なお、ここでいう「土地の形質の変更」とは、宅地地盤の切り盛りや区画割の変更を指し、「工作物の新築等」とは、土留、擁壁、ブロック壁等の新築等をいい、「移動の容易でない物件」とは、5トンを超える物件をいいます。

(2) 提出書類

　法第76条申請には、次の図書を用意し提出します。

① 行為許可申請書

　申請の内容を示すもので、申請する行為の場所、行為の種別（土地の形質の変更、建築行為、物件の堆積等）、工事の種別（新築、改築、増築、移転、大規模の修繕等）、構造（木造、鉄骨造、鉄筋コンクリート造等）、階数、用途・目的、数量・規模、期間、土地所有者の承諾等を記載します。　　　　　　　　　　　　　　【様式4－6参照】

② 位置図

　方位、道路、交通機関および著名な地形、地物等を表示することにより、申請場所の位置が容易に確認できる図面を用意します。

③ 配置図

　縮尺、方位、地名、地番、敷地および仮換地境界線、敷地内における工作物、木石等の位置、敷地に接する道路の位置および幅員、計画道路の位置および幅員を記入した図面とします。

　必要に応じて、隣接地との距離や雨水・汚水の排水経路を示します。

④ 計画図

　申請行為物件の計画図（平面図、立面図、断面図）を用意します。ただし、建築工事以外の場合は、現況および計画を対比できるようにすることが必要です。

　これらのほかに、施行者に対して、許可内容以外の工事を行わないことや、道路や上下水道などの構造物を破損した場合の修復や、完了届の提出などについて確約する書類を提出させている例もあります。　　　　　　　　　　　　　　　【様式4－7参照】

6．建築工事の実施

(1) 建築基準法の道路指定手続き

　法第76条申請の許可により、区画整理事業としては仮換地上に建築物を建てることを認めることになりますが、建築主は別途、建築基準法に基づく建築確認申請を行う必要があります。その際、仮換地である建築敷地は建築基準法第42条に定められた道路に2メートル以上接していなければなりません。この建築基準法第42条に定められた道路とは、

　　一　道路法による道路
　　二　都市計画法、土地区画整理法、都市再開発法等による道路
　　三　建築基準法第3章が規定されるに至った際現に存在する道路
　　四　道路法、都市計画法、土地区画整理法、都市再開発法等による新設または変更の事業計画のある道路で、2年以内にその事業が執行される予定のものとして特定行政庁が指定したもの
　　五　土地を建築物の敷地として利用するため、道路法、都市計画法、土地区画整理法、都市再開発法等によらないで築造する政令で定める基準に適合する道で、これを築造しようとする者が特定行政庁からその位置の指定を受けたもの

の一つに該当する幅員4メートル（特定行政庁がその地方の気候もしくは風土の特殊性または土地の状況により必要と認めて都道府県都市計画審議会の議を経て指定する区域内においては6メートル）以上のものをいいます。

　区画整理事業の施行中に建築確認を申請する場合、この中で該当しそうなものとしては、まず二が考えられますが、まだこの段階では公共施設の管理引継ぎが終わっておらず、事業も完了していないので、二には該当しないとする特定行政庁が多いようです。その場合は、建築確認申請に先立ち、四に該当させるべくその位置の指定を受ける手続きが必要となります。

　なお、こうした建築確認上の手続きについては、事前に所管する行政と十分に調整したうえで対応することが賢明です。

(2) 区画整理工事との役割分担

　換地上に建てる建築物の工事は、もちろん区画整理事業の工事の範疇にありませんから（移転や立体換地にもとづく建築工事を除く。）、その工事を主目的としたプロジェクトでは、区画整理事業との役割分担と連携が非常に重要になります。

　区画整理事業を早く完了させるために、開発行為に該当しない範囲での整地工事を建築工事に含めたり、道路、下水道等の整備工事を、管理者以外の者が行う工事――いわゆる自費工事――として建築工事の一部としたりすることなどは広く行われています。

コラム：個人施行区画整理とマンション分譲事業（承継による施行者の変動に注意）

　施行認可を受けた後に、個人施行者の持っている権利について相続や売買などで所有権移転や借地権の変動があった場合には、施行者でなかった承継者も施行者となります（法第11条第1項、第2項）。

　その結果、一人施行だった事業が共同施行になったり、その逆に共同施行だった事業が一人施行になったりします。また、そのような変動があった場合、変動前の施行者が受けていた認可等を含む事業に関する権利義務は新しい施行者にそのまま移転します。

　これは、個人施行の区画整理事業に合わせてマンションなどの建設を行い、区画整理施行中にその分譲を開始した場合などは、地区内の権利者が大幅に増加することになり、共同施行であれば、そのマンションの各室を取得した人も施行者になりますので、急に施行者の人数が増えて事業の遂行に支障が出ることなども考えられますので、注意が必要です。

◇承継による施行者の変動

　承継が想定されるケースとしては、以下のものがあります。

■　承継における施行者の変動のパターン

変動前の施行形態	所有権・借地権の別	変動する権利の内容	変動先	変動先の権利形態	変動後の施行形態	備考
一人施行	所有権	全部移転	1人	所有権	一人施行	
			複数人	所有権	共同施行	規約の認可必要
		一部移転	1人・複数人	所有権	共同施行	規約の認可必要
共同施行	所有権	全部移転	1人	所有権	一人施行	規約の規準相当部分以外無効
			複数人	所有権	共同施行	
	借地権	全部移転	1人・複数人	借地権	共同施行	
	所有権	一部移転	相方の地権者1人	所有権 借地権者がいない場合	一人施行	規約の規準相当部分以外無効
				所有権 借地権者がいる場合	共同施行	
			相方ではない1人	所有権	共同施行	
			複数人	所有権	共同施行	
	借地権	一部移転	1人・複数人	借地権	共同施行	
		地上権消滅	所有者	所有権者が1人で借地権者と同じ場合	一人施行	規約の規準相当部分以外無効

			所有権者が複数人または借地権者と所有権者が違う場合	共同施行	
	賃借権消滅	賃貸人	所有権者が1人で賃貸人と同じ場合	一人施行	規約の規準相当部分以外無効
			所有権者が複数人または賃貸人と所有権者が違う場合	共同施行	

　同意施行の場合は、同意施行者が相続する個人であることは考えられないので相続というケースはありえず、合併後存続する法人もしくは団体、または合併により新たに設立された法人もしくは団体が新たな施行者となります。

　このことは、同意を与えた地権者からしてみると自分達の知らないうちに施行者が入れ替わるということもあり得るので、新旧の同意施行者は地権者に対し十分な説明が必要ですが、逆にいうとこの規定により、同意施行者である法人または団体にたとえ変動があったとしても、事業の継続性は確実に担保されることにもなります。

　また、一人施行であったものが承継によって共同施行になった場合は、規準を作成して認可権者の認可を受ける必要があります（法第11条第4項）。

　逆に共同施行であったものが一人施行になった場合は、認可を受けていた規約は規準として記載が必要な部分以外は無効となります（法第11条第5項）。

　なお、一般承継があった結果、新たに施行者になった者について、変動前の施行者が有していた事業に関する権利義務は、引き継いだ施行者に承継されます（法第12条）。

◇建物整備および分譲と事業への影響

　例えば、1人の地権者が所有していた従前地について、仮換地指定後にマンションを建設して分譲する場合、マンションの各室を新たに取得した人は、その敷地が借地などではなく一体で処分する場合は、土地について共有者にもなりますので、その新たな取得者は自動的に区画整理事業の地権者になります。それは、マンションの規模が大きければ、それだけ多くの地権者が増えることになり、全員同意で進める個人施行の区画整理事業にとっては、合意形成のために対応しなければならない関係権利者が増えることになります。

　もちろん、分譲前の地権者が合意した内容は分譲後の地権者の意向として承継されますが、分譲後に合意を必要とする事項については、新たな地権者を対象として意向確認や合意形成が必要となりますので、合意形成に時間がかかるようになる可能性が高くなります。

　一方、新たに分譲マンションを購入した者にとっては、その取得した区分所有の対象となる部屋に着目して取り引きに入っているため、マンションが建ってしまえば、区画整理設計を問題にすることはほとんどないと考えられますが、清算については注意が必要となります。特に

徴収清算については、できあがったマンションとその敷地について取り引きしているという感覚のため、なかなか理解されないことがあります。

◇建物整備のタイミングと分譲に際しての契約に関する留意事項

　マンションの分譲によって地区内の関係権利者が増大する問題については、例えば、分譲（登記）よりも先に区画整理事業の換地処分がなされた場合は、マンションの購入者が新たに区画整理事業の権利者となることはありませんので、あらかじめ建築工事のスケジュールと区画整理事業のスケジュールを調整して、換地処分後に分譲するようにすれば解消できます。とはいっても、分譲の時期は別の要因から決まることも多いので、逆に分譲に先立って換地処分するように努めることになります。

　また、後述する清算の問題についても、マンションの完成（分譲と登記）前に事業（換地処分）が終了するように事業を進められれば、清算は分譲前の地権者で対応することになりますので、そうした意味からも早期の事業遂行が重要となり、これらのスケジュールが狂わないように、区画整理事業の施行者は工程を管理することが求められます。

　一方、不動産の仲介業者に対しては、区画整理地区内の土地取り引きにおいて、区画整理事業施行中であるため将来清算金の発生する可能性がある旨を重要事項として取得者に対して説明することが義務づけられています。

　そのため、仮に清算徴収金が発生しても基本的には分譲マンションの取得者はその旨を理解しているものと考えられますが、清算の時期になって施行者とマンションの取得者の間で揉めることのないように、清算が発生したときには新旧どちらの地権者が清算をするのかを、あらかじめ契約時に決めておいて、その旨を契約書に盛り込んでおくことが賢明です。

　次頁に事業の流れと分譲のタイミングについてのフローを掲載していますので、参考にしてください。

■建築竣工前に区画整理登記が完了する場合

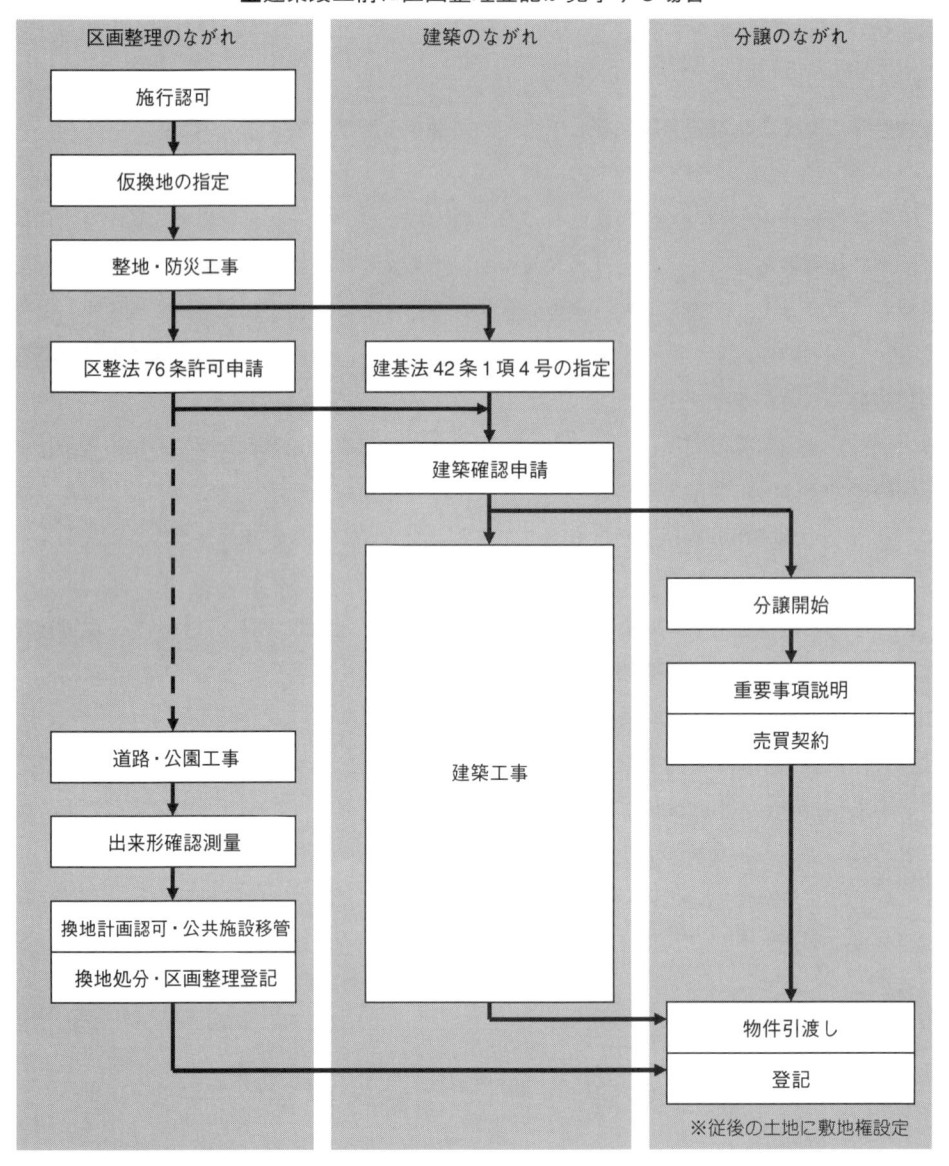

区画整理のながれ	建築のながれ	分譲のながれ
施行認可		
仮換地の指定		
整地・防災工事		
区整法76条許可申請	建基法42条1項4号の指定	
	建築確認申請	
		分譲開始
		重要事項説明
		売買契約
道路・公園工事	建築工事	
出来形確認測量		
換地計画認可・公共施設移管		
換地処分・区画整理登記		
		物件引渡し
		登記

※従後の土地に敷地権設定

■建築竣工後に区画整理登記が完了する場合

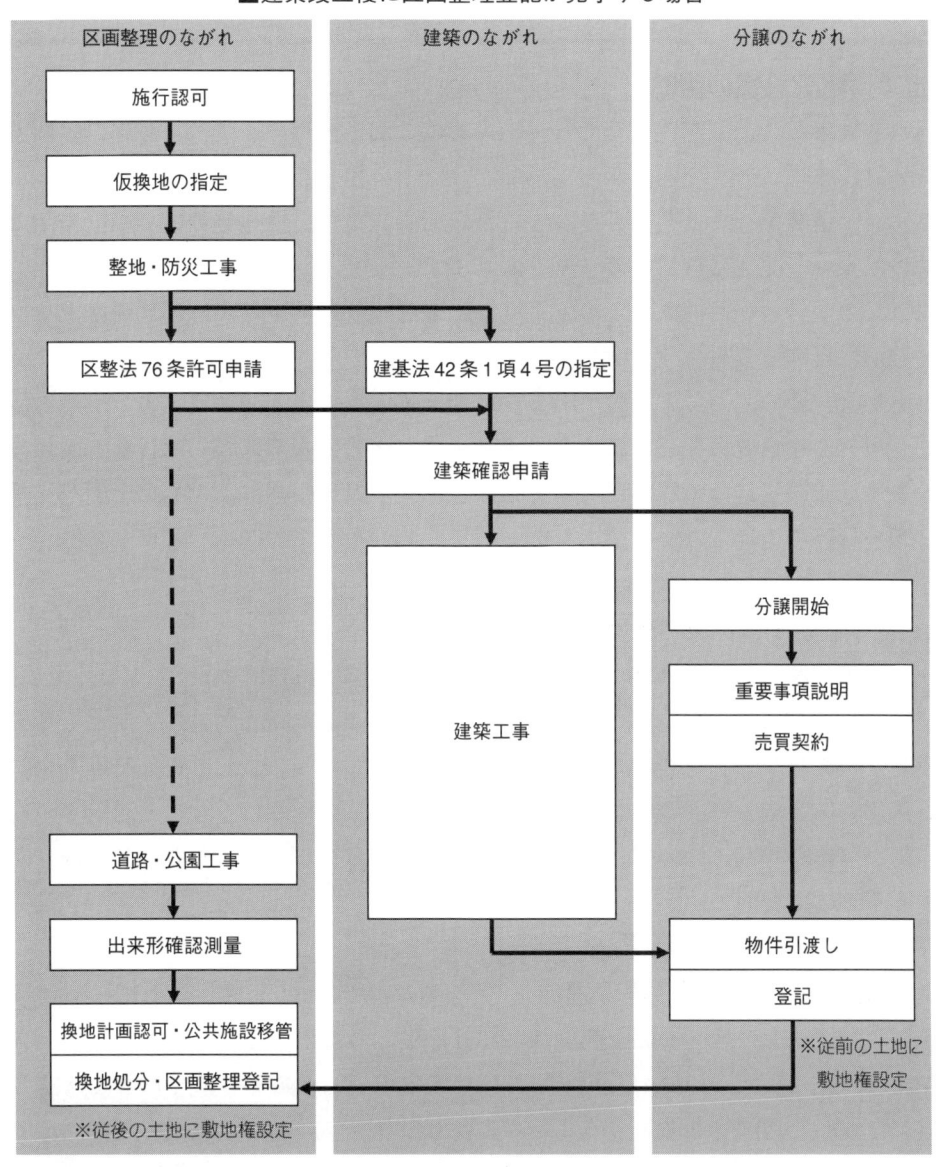

区画整理のながれ	建築のながれ	分譲のながれ
施行認可		
↓		
仮換地の指定		
↓		
整地・防災工事		
↓		
区整法76条許可申請	建基法42条1項4号の指定	
	↓	
	建築確認申請	
	↓	分譲開始
		↓
		重要事項説明
	建築工事	売買契約
道路・公園工事		
↓		
出来形確認測量		
↓	→	物件引渡し
換地計画認可・公共施設移管		登記
換地処分・区画整理登記 ←		
※従後の土地に敷地権設定		※従前の土地に敷地権設定

7．出来形確認測量の実施

(1) 出来形確認測量の目的

　区画整理事業の工事が完了したら、出来形確認測量を行います。これは、区画整理事業では、工事によってできあがった換地と設計上の差がないかを比較して、面積に差がある場合は清算を行うことが必要となるからです。また、換地処分後の登記申請では実測した結果を登記簿に記載する必要もあります。

　これらの手続きのために、工事完了後に出来形確認測量を行い、現地の状況を換地計画や登記に反映できるようにするのです。

　さらには、その測量結果は国土調査法第19条第5項の規定により、国土交通大臣の認証を受けて、換地処分登記申請の際に不動産登記法第14条の地図（旧17条地図）に反映されます。この規定は強制ではありませんが、国土調査の趣旨からも国土調査法第19条第5項の認証を受けることが望ましいといえるでしょう。

(2) 出来形確認測量の事前協議

　出来形確認測量の成果は、換地計画の添付図や換地処分通知に添付する換地図以外に、(1)で述べた登記所（法務局）への申請や国土調査法による認証申請に必要となります。

　そのため、出来形確認測量の成果のまとめ方等について、登記所や都道府県（国土調査法第19条第5項の認証の申請は、各都道府県を通じて行われる）等と測量等の進捗から申請が可能な時期について、あらかじめ協議しておくことが、その後の手続きを円滑に進めるうえで賢明です。

(3) 地図の記載内容・精度等の確認

　不動産登記法上の地図や国土調査法の認証を受けるための地図については、記載内容や精度（誤差の限度）について規定されていますので、あらかじめそれらを確認して、規定に合致した地図等を準備することが必要となります。

　なお、市街地地域における不動産登記法第14条の地図の誤差は、不動産登記規則第10条第4項に定められた精度区分に従うことが必要です。

図表4.6　国土調査法第19条第5項の指定手続のながれ（参考）

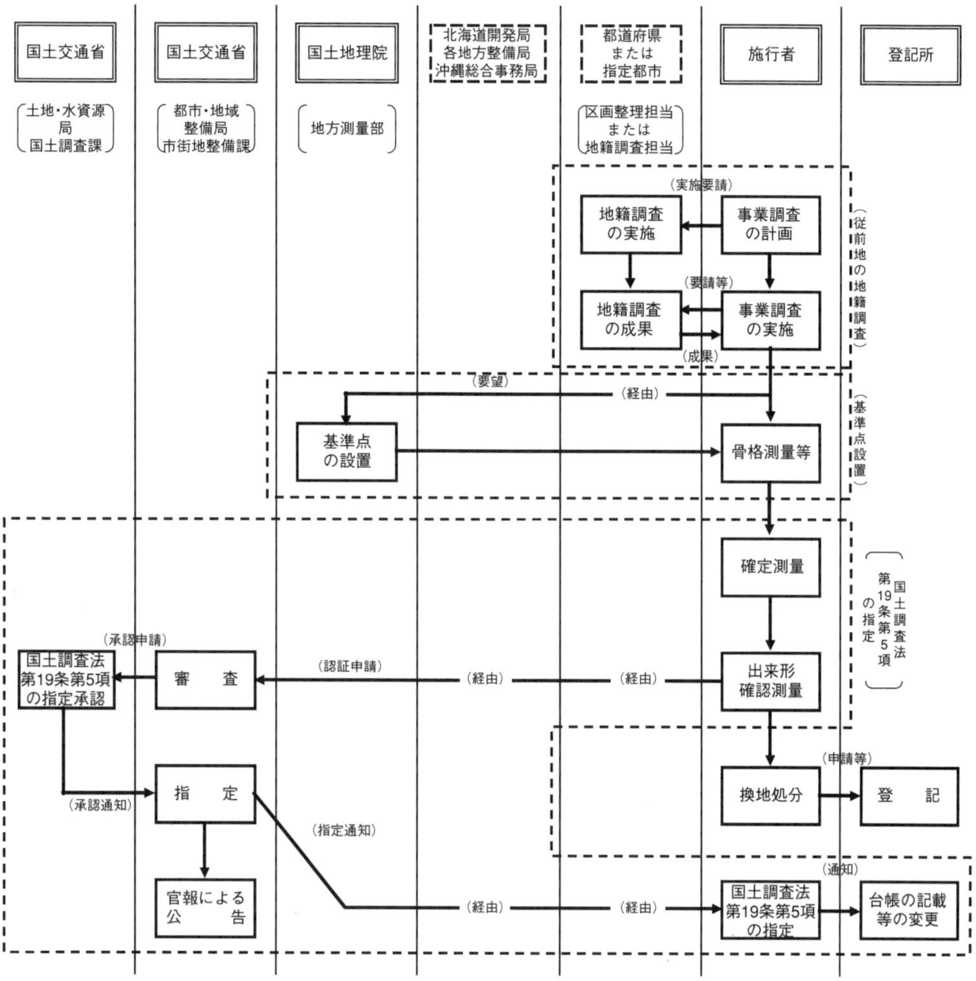

出典：土地区画整理法令要覧（平成17年版）

8．換地計画の申請と認可

(1) 換地計画の意義と内容

　区画整理事業では、後述する換地処分をもって従前の土地と換地の入れ替えが完了します。その換地処分を行うためには、施行者は施行地区内の個々の土地の施行前後の関係や清算などの状態を明確にする必要があります。それらを換地計画書というかたちにして、都道府県知事の認可を受ける必要があるのです。

　個々の土地の施行前後の関係や清算などの状態が分かるという意味では、工事に先立って行った換地設計の成果もありますが、実際に工事を行ってできた換地は当然施工誤差などから換地設計上の数値と差異がありますから、換地設計の成果をそのまま使うわけにはいきません。そこで、先述した出来形確認測量の成果を反映した換地計画を作るのです。

　したがって、ほぼ全域で使用収益が開始され、かつ区画整理事業の工事終了の見通しが立ってきたら、換地計画を作成して認可を受ける準備をします。

　換地計画に定める事項について法律では、
- 換地設計
- 各筆換地明細
- 各筆各権利別清算金明細
- 保留地その他の特別の定めをする土地の明細　等

となっています。上記以外の資料等の要否についてはあらかじめ認可権者と調整しておく必要があります。

　換地計画の認可権者は、個人施行の場合都道府県知事であり、その申請はその区域の市町村長を経由して行うことが原則です。ただし、施行認可と同様、地方分権の推進に伴い、個人または土地区画整理組合が施行する5ヘクタール未満の土地区画整理事業の換地計画認可についても、徐々に都道府県から政令指定都市を始め、特例市や中核市などに権限移譲されるようになってきていますので、事前に確認しておくとよいでしょう。

【様式4－8～4－11参照】

(2) 清算金の計算

　換地計画を作成する目的の一つとして、清算金の額を確定するということがあります。

　具体的には、換地設計と現地の工事結果で差が生じた場合や、換地設計上の理由で計算結果よりも多くあるいは少なく換地を交付している場合、さらには換地を交付せずに金銭清算を予定している従前地などに対しては、清算金額を決定する必要があるのです。

　その決定方法としては、従前地や換地の評価を指数で行っている場合は、清算を実施する時点の周辺相場や公示地価あるいは鑑定評価などを参考にその指数を金額に換えるための指数（換算指数といいます。）を決定して算出します。

鑑定評価等により時価での評価で計算を行っている場合は、換地設計時点と換地計画時点の土地価額を比較して、差があると認められるときには、その土地価格を時点修正するなどの対応で清算金を計算します。

その際に、途中で仮清算を行っている地区の場合は、仮清算で収受した金額についても、清算金の算定時点の評価と比較して妥当かどうかを判断し、必要に応じて時点修正したうえで清算金との精算を行うことが必要となります。

(3) 換地計画作成上の留意点

1) 事業計画との整合

事業計画に記載されている面積等については、事業当初の測量や地区平均での計算結果で求めたものですので、換地計画の段階で例えば各換地を出来形確認測量をした結果で積算したものと異なってくる可能性があります。

こうした場合には、事業計画の数値を換地計画の集計と合致するように換地計画認可申請に先立ち、事業計画変更認可申請を行うことが必要となります。

2) 関係権利者の同意

個人施行では換地計画を縦覧に供する必要はありませんが、関係権利者全員の同意を得ることが必要となります。

3) 事前協議

① 法務局

換地計画には、換地処分後の土地の地番（この段階では予定地番）を掲載することになるため、あらかじめ登記所（法務局）と協議して地番を設定するルールを明確にしておきます。最終的な地番は換地処分登記時に登記官が職権で決めることになりますが、この段階で十分に協議して決めておくことで、換地処分時の地番と異なるという事態を極力回避できるものと考えられます。

② 区市町村

本書で想定している街なかの個人施行では考えにくいことですが、事業規模が大きい場合や、区市町村が町名町界変更を予定している場合は、町名・町界が変わりますので、区市町村と事前に協議しておき、換地計画にはその予定町名等を掲載する必要があります。また、このような町名町界変更を実施する場合は議会の承認が必要となりますので、事業のスケジュールを考える際には議会の開会時期を考慮に入れる必要があります。

その他にも、換地計画の作成においては、換地計画の認可権者との調整が必要なのはいうまでもありません。認可権者が都道府県知事の場合でも、各市町村町経由で申請しますので、換地計画の策定時には、認可権者との協議とあわせて市町村とも協議をして

おく必要があります。

③　公共施設管理者

　区画整理事業で変更したり新設したりした公共施設は、その公共施設を管理する公共団体に移管する必要があります。そのため、管理を行う公共団体では工事完了後にできあがった公共施設を調査し、移管後に管理するに足りる施設かどうかの確認を行います。

　その日程調整や移管のための手続きについても事前に協議が必要となります。

4)　早期に換地計画を策定する場合

　市街地再開発事業との一体的施行のように、事業の前半で換地計画を策定することが必要となる場合があります。その際には、清算金などが確定していないため、清算金明細を除いた換地計画でも構わないとされています。

　事業当初で換地計画の認可を受けている場合でも、清算金明細を除いた換地計画であったり、認可後に内容に変更があったりした場合は、事業終盤で変更後の内容で換地計画の認可を受ける必要があります。

コラム：市街地再開発事業との一体的施行の留意点

　市街地再開発事業（以下「再開発事業」という。）との一体的施行を行う場合には、単独で区画整理事業を施行する場合と異なる手続きが必要な場合があります。

◇事業の主目的に応じた事業の組み立て

　一体的施行の実施にあたっては、大規模な区画整理事業地区内の一部で再開発事業を行うことも当然ありますが、個人施行の区画整理事業で一体的施行を行うケースとしては基本的にまず再開発事業の施行を検討して、そこで発生した例えば区域の中央の土地を所有している地権者が建築物の床ではなく単独利用できる土地を希望した場合に換地を与えるようにするなど、課題の解消を区画整理事業との組み合わせで解決することを予定した事業が想定されます。

　このような一体的施行の場合、まず、再開発事業の成立を優先して考えますが、そのような事業では、区画整理事業の事業費を区画整理事業本体で確保することが困難な場合が想定されるなど、区画整理事業の成立性が問題となります。

　そのため、区画整理事業の採算性の確保については一般的な区画整理事業のように保留地を設定してその処分益によって事業費を賄うということが望めないケースが多いと考えられますので、区画整理事業の事業費を再開発事業で基盤整備費（土地整備費）として負担することなどの対応が必要となります。

　その際に重要となるのは、再開発事業の保留床処分金などによる事業費収入に区画整理事業の事業費支出を加えても一体的施行全体での採算が確保可能かどうかの確認を行うことです。

◇両事業間の調整

　一体的施行では、異なる認可事業を同時に行うことで調整が必要となる関係機関が増えるため、その調整に時間を要することも想定されます。

　さらには、再開発事業の事業計画上、保留床処分時期が重要となるため、両事業の進捗を十分配慮したスケジュールの設定が重要となります。

　そのため、両事業の事業開始前から関係機関との十分な調整を行い、事業スタート（基本的に区画整理事業の認可からスタートとなる）後は手戻りのないように進めることに留意する必要があります。

◇一体的施行としての対応が必要となる権利者

　再開発事業では、基本的に従前の土地を施設建築物の床とその敷地の持分に変換します。これを権利変換といいますが、権利変換の対象は土地のみではなく、従前の建物がある場合はそれも対象とすることができます。この辺りが土地のみを対象とする区画整理事業と異なる部分です。

　そのため、一体的施行を実施する場合は、土地のみを所有する地権者とあわせて、土地と建物を所有する地権者、借地上に建物を所有する権利者も、権利変換の対象として対応すべき権利者になる点に注意が必要です。

　また、区画整理事業では借家権者を換地設計上では対象権利者とはしていません。借家権については、基本的に貸し主である建物所有者（土地の所有権者または借地権者）との関係での対応にとどまり、直接施行者が対応することは少なくなっています。しかし、再開発事業では、借家権者も対象権利者として、権利変換後の床に賃借権を有するなど、区画整理事業の借地権者と同様の対応となっています。

　そのため、個人施行の区画整理事業との一体的施行では、必要に応じて区画整理施行者も借家権者との対応を行います。

◇区画整理事業における一体的施行特有の手続き

　一体的施行特有の手続きとしては、以下のものがあります。

① 再開発事業区の設定

　区画整理事業の仮換地を従前権利として再開発事業を行う場合、地区全域から地権者の申し出を行う際には区画整理事業の事業計画で再開発事業を行う区域を再開発事業区として位置づけることが必要となります。ただし、小規模な区画整理事業では、施行者が原則によって行った換地設計で再開発事業がスタートすることも考えられますので、そのような場合には、必ずしも再開発事業区を区画整理事業の事業計画に位置づける必要はありません。

② 換地計画にもとづく仮換地指定

　再開発事業で仮換地を従前権利として権利変換を行う場合には、あらかじめ換地計画の認可を受けて、それにもとづいて仮換地指定を行う必要があります。

　この場合の換地計画では、清算金の算出が間に合わないことが多いため、清算金明細の添付は必ずしも求められていません。

　このように事業初期に換地計画の認可を受けた区画整理事業では、事業終盤に清算金明細を加えるなど換地計画の変更認可を受けることになります。

③ 両事業での補償物件のアロケーション

　再開発事業では、従前の土地とともに従前の建物も施設建築物の床に権利変換することが行われます。このように、権利変換の対象となる従前の建物については、事業内では補償せずに除却します。一方、区画整理事業では事業上の必要性に応じて従前の建物を補償して移転または除却します。

　このように一体的施行では補償の対応が異なる2つの事業を同時に行うため、再開発事業参加希望者の従前の建物の扱いについてあらかじめ取り決めをしておくことが重要です。

　基本的にはどちらの事業の必要性で従前の建物を移動するのかによってどちらが補償や移転工事を行うかということになります。しかし、事業費の都合や工事の順などによって対応を変えるなど柔軟に考えることも必要です。

　そのため、このような従前の各建物の取り扱いについては、事業の準備段階で両事業の施行予定者間であらかじめ調整しておくことが大切です。

　以下は一体的施行を実施する場合における補償の原則的な考え方を示したものです。

■一体的施行における従前建築物に対する原則的な対応

従前地と換地（再開発区）の関係	建築物除却等のタイミング	補償の原則的な考え方			
		従前の建築物に対する補償		建築物の除却等の命令・要請	
		区画整理事業	再開発事業	区画整理事業	再開発事業
内→内	再開発事業の工事開始	不要	権利変換対象のため不要	不要	可能
外→内	区画整理事業の工事開始または再開発事業の完成により移転するとき	権利変換対象のため不要	権利変換対象のため不要	可能	困難
内→外	再開発事業の工事開始	可能	可能	可能	可能

・内→内：従前地が再開発事業区内にあって再開発事業に参加する場合
・外→内：従前地が再開発事業区外にあって再開発事業に参加する場合

・内→外：従前地が再開発事業区内にあって再開発事業に参加しない場合

　なお、ここで紹介しました一体的施行における対応は基本的なものですが、一体的施行では個々の地区によって異なった対応が必要となることが多いため、必要に応じて専門家の指導を仰ぐことが望まれます。

9．換地処分通知

(1) 換地処分の概要

　換地処分は区画整理事業の最終段階です。換地処分によって、整理前の土地に付いていた権利等が換地に移行し、換地が確定します。また、保留地を設ける事業では保留地が法的に実現して、保留地予定地から正式に保留地として登記等の権利の対象となります。

　換地処分とは、換地計画に記載した内容を各権利者分について通知することをいいます。そして、全権利者に通知が届いた後に都道府県知事が公告すると、その効力が発生します。そのため、小規模な事業では換地計画の認可申請にあわせて、あらかじめ各権利者宛の通知書を作成しておき、換地計画の認可後は、速やかに換地処分通知を関係権利者に送付することが効率的です。

　通知の対象となるのは、地権者たる土地の所有権者と借地権者のみでなく、登記されている抵当権者をはじめとする担保権者、仮登記権利者、差押え等の登記を付けている権利者、破産宣告をしている裁判所等も対象となります。そのため、換地計画の認可後は早急に登記所（法務局）において権利関係の調査を行い、速やかに発送することが重要です。その際は、配達証明付郵便または受領証を交付しての手渡しで行い、もし発送先が知れない場合は、後述するように公示送達の手続きを取ります。

　また、換地計画策定時と権利内容に変動がある場合は、換地処分通知書にその変動内容を反映させる必要があります。　　　　　　　　　　　　　　　　【様式4－12参照】

図表4.7　換地処分通知書の発送先と添付書類

権利者	通知書	換地明細書	各筆各権利別清算金明細書	換地位置図	換地処分図
所有権者	○	○	○	○	○
借地権者	○	○	○	○	○
抵当権者 （質権・先取特権を含む）	○	○	○	○	△
差押登記名義人	○	－	○	○	○
所有権移転請求権 仮登記権利者	○	－	○	○	○
破産宣告 （裁判所）	○	－	○	○	○

　△：必ずしも必須ではないが、権利者の利便性のために添付することも考えられるもの

図表 4.8　換地処分図の例

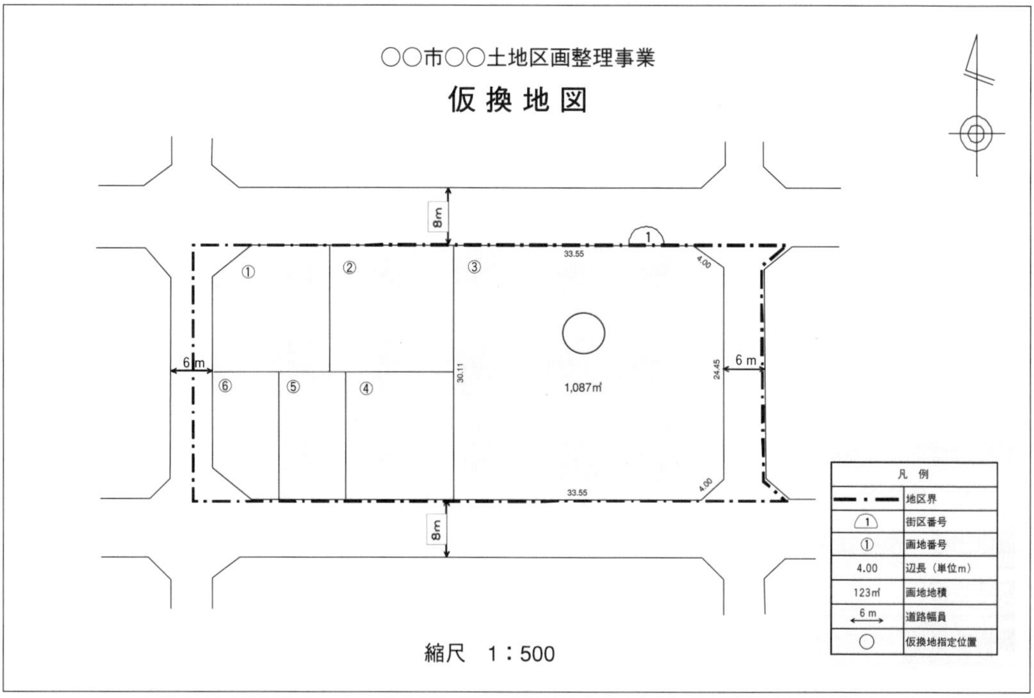

(2) 送付先の確認

　換地処分通知の発送に先立って、登記所（法務局）で従前地の登記内容を確認し、換地計画の作成時点と変化がある場合はデータの修正を行うことが必要となります。その際、合併換地をしている複数の従前地の一部について登記名義人の表示内容（住所や氏名）が変わっている場合には、名義人に変更登記を依頼するか、必要に応じて施行者が代位登記で表示の変更を行います。

　こうした登記ができない場合は従前地の状況に応じて換地分割を行うなどの対応が必要となります。

　登記簿等で住所を確認しても、その住所地に居ない権利者もいます。その場合には、公共団体に協力を仰いで住民基本台帳を調査することや、知り合いや親戚等に問い合わせることが考えられます。それでも送付先が不明の場合や送付しても受け取られない場合は公示送達*を行いますが、手続き等に時間がかかりますので、事業スケジュールに支障が生じないように実施する際には注意が必要です。

＊公示送達は、送付内容を官報などに掲載し、また、特定の場所（組合施行の場合は組合事務所前が多いのですが、個人施行の場合はその事務所前か、地区周辺のわかりやすい場所）に一定期間送付内容を掲示することで送達に代える制度です。

図表4.9 所有権の登記以外の登記がある場合に合併換地ができる主なケース（参考）

登記の種類	摘要
破産および破産終結	従前の土地全部が同一内容のものに限る
工場財団の組成物件	従前の土地全部が同一日付、同一内容で単一の財団に属するのものに限る
敷地権	従前の土地全部が同一内容のもの（制限にかかるその他権利がなく、敷地権の割合が同一の土地）
抵当権	根抵当権仮登記は除く 他に所有権および地役権以外の権利または、処分の制限に関する登記がないとき。なお従前地の土地全部が登記原因、その日付、登記の目的および受付番号が同一であるものに限る
抵当権仮登記	〃
根抵当権	〃
抵当権移転	〃
根抵当権移転	〃
抵当権の債権質入	〃
根抵当権の債権質入	〃
転抵当権	〃
転根抵当権	〃
質権	〃
転質	〃
先取特権	〃
地上権	地上権のみで、他に所有権および地役権以外の権利または、処分の制限に関する登記がないとき。なお従前地の土地全部が登記原因、その日付、登記の目的および受付番号が同一であるものに限る
地上権敷地権	従前地の土地全部が同一日付、同一内容のものに限る
賃借権敷地権	〃
承役地地役権	

注1：こうした登記以外にも合併換地できるケースがあるため、合併換地が必要な場合は、あらかじめ登記所（法務局等）と相談しておくことが必要です。
注2：上記の登記の有無以外に、農地と非農地の従前地を合併する場合に、農業委員会への届け出が必要となるケースもありますので、事前に確認しておくことが必要です。

(3) 公共施設の消滅帰属の通知

換地処分によって公共施設の新設、変更、廃止（法第105条第1～3項）を行う場合は、各管理者宛に公共施設用地消滅帰属通知を送付します。

そのため、あらかじめ送付先の確認を行っておくことが必要です。

図表4.10　主な公共施設管理者と通知の送付先

種別	所有者	管理者	通知文の宛名	送付先
道路	国土交通省	国土交通省	国土交通省 ○○地方整備局長	国土交通省　○○地方整備局 　　　　　　道路管理担当部局
		都道府県	国土交通省	○○県　国有財産管理担当 ○○県　道路管理担当部局
		区市町村	国土交通省	○○県　国有財産管理担当 区市町村　道路管理担当部局
	都道府県	都道府県	都道府県知事	○○県　道路管理担当部局
		区市町村	都道府県知事	○○県　道路管理担当部局 区市町村　道路管理担当部局
	区市町村	区市町村	区市町村長	区市町村　道路管理担当部局
河川	国土交通省	国土交通省	国土交通省 ○○地方整備局長	国土交通省　○○地方整備局 　　　　　　河川管理担当部局
		都道府県	国土交通省	○○県　国有財産管理担当 ○○県　河川管理担当部局
		区市町村	国土交通省	○○県　国有財産管理担当 区市町村　河川管理担当部局
	都道府県	都道府県	都道府県知事	○○県　河川管理担当部局
水路	国土交通省	区市町村	国土交通省	○○県　国有財産管理担当 区市町村　河川管理担当部局
	都道府県	区市町村	都道府県知事	○○県　河川管理担当部局 区市町村　河川管理担当部局
	区市町村	区市町村	区市町村長	区市町村　河川管理担当部局
公園	都道府県	都道府県	都道府県知事	○○県　公園管理担当部局
		区市町村	都道府県知事	○○県　公園管理担当部局 区市町村　公園管理担当部局
	区市町村	区市町村	区市町村長	区市町村　公園管理担当部局

出典：「土地区画整理事業実務標準」（（社）街づくり区画整理協会）

(4) 換地処分の公告

換地処分通知書が行き届き、また公示送達が到達したとみなされる日の経過後速やか

に都道府県知事に届出ます。それを受けて、知事は換地処分の公告を行います。

　この換地処分の公告が行われた翌日に法的に従前の土地が換地に切り替わり、実質的に区画整理事業は終了します。換地処分の公告がされた場合は、施行者はその旨を登記所（法務局）に届出る必要があります。

　換地処分の公告の翌日から従前の権利関係は換地へ移行します。それによって影響を受けるところにはあらかじめ換地処分の時期などを知らせて準備してもらうことが必要となります。

　特に、町名・町界等の変更を含む事業の場合は、換地処分の公告以前にその内容を都道府県知事に届出て告示してもらうことが必要となりますので、区市町村の担当者とあらかじめ協議しておくことが重要となります。

　　　　　図表4.11　換地処分の公告例

```
　○○県公告第　　　号
土地区画整理法（昭和29年法律第119号）第103条第1項の規定により、○○市○○土地区画
整理事業について換地処分があったので、同条第4項の規定により、公告する。
　　年　　月　　日
                                                ○○県知事　　○○○○
```

【様式4-13参照】

10. 区画整理登記の申請

　区画整理事業に係る登記としては、代位登記と呼ばれるものと区画整理登記と呼ばれるものがありますが、前者は仮換地の指定または換地計画作成上、必要な土地の分合筆を行う場合、あるいは施行地区内の不動産の現況と登記簿上の表示が相違している場合などに、施行者が所有者に代わって登記を嘱託するもので、換地処分の公告までに済ませておく必要があります。ここでは、後者である区画整理登記について述べます。

(1) 区画整理登記の目的と意義

　換地処分の公告がなされたら、速やかに（翌日が多いですが）換地処分に係る登記の申請を行います。公告から登記申請までに日があくと、その間登記の閉鎖ができないため、地区内の不動産に関する登記の申請があった場合に、換地処分の内容と登記の内容が異なるという事態が発生することになるからです。

　換地処分に係る登記の申請がなされると、登記所は地区内の不動産に係る登記を閉鎖し、申請内容に合わせて登記を行います。

　登記が完了すれば閉鎖は解かれますが、その方法は登記所や地区の規模などによって異なります。大規模な地区では、一定の町や丁目、字単位で登記が完了したところから閉鎖を解除する例が多いようですが、比較的小規模な地区では、すべての登記が完了するまで待って一斉に閉鎖の解除を行うことが一般的です。　　　【様式4－14参照】

(2) 区画整理登記の留意点

　登記所（法務局）に対しては事前に換地処分の届出をする日を知らせておき、区画整理登記に備えてもらうことが必要です。

　実務上は換地計画の準備に入った頃から調整を始め、認可申請を行う時期には、換地処分の予定を連絡するなどの対応を行います。地区の規模によっては膨大な事務量になるので、あらかじめ伝えておかないと通常の体制では登記所（法務局）の対応が困難になるからです。たとえ小規模な地区であっても、滞りなく登記が進むように事前に報告するなどして、登記事務に配慮することが望ましいでしょう。

　なお、換地処分の登記嘱託については、登録免許税等の納付は不要です。

11. 清算金の徴収交付

(1) 清算金の確定について

　換地処分によって、整理後の土地の配分に不均衡があった場合に必要となる清算金の金額が確定しますので、換地処分後、速やかに清算の手続きを行うことが必要になります。

　地権者1人で施行している場合は、清算のやりとりは必要ありませんが、地権者が複数人の場合は、徴収と交付に地権者が分かれる可能性があります。特に徴収金額の総額と交付金額の総額が同じになるように比例率を算出して整理前の土地の評価額を修正計算する比例清算方法を採用している場合は、各地権者から徴収した清算金を、交付対象となる地権者に支払うことになります。

　また、一般的に区画整理事業の清算は上記のように換地処分で確定した清算金のやりとりを行うために、事業の最後で行いますが、例えば地区外転出を希望して法第90条により換地不交付を申し出た地権者がいるような場合は、なるべく早めに清算金の交付を行うことが地権者の生活再建に有効となりますので、事業の途中段階で一旦清算を行う仮清算を実施することも考えられます。

　仮清算の実施方法はほとんど最終的な清算（仮清算に対して本清算と呼ぶこともあります）と同じですが、出来形確認測量などの最終結果が出る前の途中段階のデータにもとづいて清算金を計算しますので、換地処分後の確定した清算金額と差額が生じた場合は本清算時に精算します。

(2) 清算の方法について

　清算方法としては、徴収清算の地権者には納付書を、また交付清算の地権者には施行者宛に提出してもらう請求書を、それぞれ同封した清算金確定通知を清算の対象者に送付し、施行者との間で金銭のやりとりをするなどします。

　徴収清算の納付については、直接施行者宛に支払うことも可能ですが、近隣の金融機関の協力を得て、地権者が納付書を持参してきた場合は、施行者名義の口座に振り込むようにします。そのため、換地処分の時期が明確になった時点で、金融機関と調整をしておくことが必要となります。

　また、交付清算金は、上記の地権者から施行者宛に提出してもらう請求書に地権者が振込みを希望する金融機関の口座番号を記載してもらい、施行者が地権者の口座に振込む方法で支払います。

(3) 担保権者の同意

　交付清算の対象となる従前地に抵当権や質権などの担保権が設定されている場合は、こうした担保権者の同意がないと地権者に交付清算金を支払うことができません。これ

は、換地計画では従前地の価額が換地の価額と交付清算金の計に相当することになりますので、交付清算金も担保の一部となるものと考えられ、担保権者の承諾なしに交付金が地権者に支払われると、担保権者の権利侵害にあたる可能性があるからで、それを避けるためにあらかじめ承諾を必要としているのです。

もし、交付清算金を地権者に交付することに対して担保権者の同意が得られない場合は、交付清算金を法務局に供託することが必要となります。そのため、担保権者に同意を求める書類として「供託不要の申出書」が用いられます。

【様式4−15，4−16参照】

(4) 清算金の徴収交付事務

実際に清算を行う場合は、施行者自らが現金で収受を行うことも考えられますが、前述のように実務上は清算事務を行うための口座を金融機関に設けて、徴収の場合はそこに振り込んでもらい、また交付の場合は権利者の振込先口座を届出てもらってそこに振り込むという手続きを行うことが大半です。

また、清算手続きは利息を附して分割徴収、交付が可能です（法第110条第2項）。

この場合の利息について、分割徴収の金利は年6パーセントを上限に施行者が自由に設定可能（規準または規約に設定）ですが、分割交付の場合は年6パーセント固定金利となっています。また、分割期間は5年以内が基本ですが、徴収期間は10年まで延長が可能です。こうした清算方法については、規準または規約で定めることが必要となります。

(5) 清算と税金

区画整理事業の施行に伴う交付清算金は、法第90条の規定にもとづく宅地所有者の申し出または同意による換地不交付の場合を除いては、代替資産の取得の場合の課税の特例の適用もしくは5,000万円の特別控除の対象となりますが、法第90条の規定にもとづく換地不交付の場合の交付清算金については通常の不動産譲渡（売買）の場合と同様に課税対象となりますので、注意が必要です。

なお、上記の課税の特例を受けるためには施行者が発行する証明書を添付して地権者が税務署に申告することが必要になりますので、証明書を用意するとともに地権者への説明をしておくことが必要となります。

【様式4−17参照】

(6) 地権者への周知と滞納者の取り扱い

清算のように現金の収受を伴う手続きは、あらかじめ地権者に周知しておくことが重要です。

金額自体は換地計画書または換地処分通知書で確認する機会がありますが、特に徴収の場合はできれば各地権者に個別に説明を行うなどの対応が必要となります。

なお、組合施行や公共団体施行の区画整理事業の清算金については、国税の徴収と同様の扱いがされていて、清算金の納付を滞納した地権者に対して施行者は督促手続きを行いますが、個人施行の場合はそこまでは規定していません。

12. 終了認可申請

(1) 終了認可申請

　個人施行の場合、すべての事業手続きが完了したら、認可権者に対して事業終了の認可を求める申請を行い、認可を受けて事業を終えます。

　終了の認可を行う目的は、個人施行といえども施行者に私権制限を含む権能を与え、税制上の優遇措置を講じているので、これを解く必要があるからです。

　終了認可申請書には、区画整理事業の終了を明らかにする書類を添付することが省令で定められています。この「区画整理事業の終了を明らかにする書類」とは、規準または規約および事業計画に定められている事業が終了したことを証明する書類で、具体的には換地処分およびそれに伴う登記が完了したことを証する書面、さらには公共施設の管理を引き継いだことを証する書面、清算金の徴収・交付事務の終了を証する書面等があげられます。ほかにも事業計画で住宅先行建設区を定めている場合は、認可申請書に別の書類を添付する必要がありますが、街なかで行う小規模な個人施行ではまず該当しないでしょう。

　終了認可申請書が、施行地区を管轄する市町村を経由して知事に提出され、知事がそれを認可・公告することにより事業は終了しますが、地方分権の推進に伴い、個人または組合が施行する5ヘクタール未満の区画整理事業については、施行認可とセットで終了認可も、都道府県から政令指定都市、特例市、中核市などに権限移譲されるようになってきていますので、事前に確認しておく必要があります。

　なお、保留地を設定した事業の場合、保留地の処分が完了していなくとも事業の終了認可は可能です。その場合、施行者であった者がそのまま保留地を活用した事業を行うことも可能となります。

(2) 事業の廃止申請

　あってはならないことですが、法の上では事業を途中で廃止する手続きも用意されています。例えば、天変地異により地盤が変化し、誰が見ても物理的に事業を施行することが不可能となった場合などがあげられますが、通常は考えにくい不測の事態とならない限り理由にならないと思っておいた方がよいでしょう。

　それでも何らかの理由により事業を廃止する必要があるときは、事業を廃止しなければならない理由を明らかにした書面のほか、借入金がある場合は債権者の同意書を添付して、終了認可申請と同様に、施行地区を管轄する市町村を経由して知事に提出します。

【様式4－18参照】

> ※以下に示す様式は、必ずしもすべての地区において適切なものとは限りません。それぞれの地区で作成するうえでの参考としてください。

様式4－1　仮換地指定通知書（鑑）例（所有者用・使用収益開始同時通知）

〇〇第　　号

平成　年　月　日

＜指定番号　0104＞

〇〇市△△町
一丁目7番15号
　　甲野　太郎　様　　　　　　　　　　　　　　〇〇市□□土地区画整理事業
　　　　　　　　　　　　　　　　　　　　　　　　施行者　〇　〇　〇　〇
　　　　　　　　　　　　　　　　　　　　　　　　代表者　〇　〇　〇　〇　㊞

仮　換　地　指　定　通　知

　〇〇市□□土地区画整理事業施行地区内のあなたが所有する宅地について、土地区画整理法第98条第1項の規定により下記のとおり仮換地を指定しますので、同条第4項の規定により通知します。

記

従前の宅地			仮換地				記事
町丁目・地番	地目	登記地積 （基準地積）	街区番号	符号	位置	地積	
〇〇町 二丁目 12－6	宅地	m² 227.46 （229.33）	10	12－6	添付図面のとおり	m² 197	
仮換地の指定の効力発生の日				平成〇年〇月〇日			

（注）この通知書記載の「仮換地の指定の効力発生の日」から、この仮換地を使用し、または収益することができますが、従前の宅地については使用し、または収益することができません。

様式4－2　仮換地指定通知書（鑑）例（所有者用・使用収益開始後日通知）

○○第　　号
平成　年　月　日
＜指定番号　0501＞

○○県○○市□□町
三丁目8番10号
　　乙野　花子　様

○○市□□土地区画整理事業
施行者　○　○　○　○
代表者　○　○　○　○　㊞

仮　換　地　指　定　通　知

　○○市□□土地区画整理事業施行地区内のあなたが所有する宅地について、土地区画整理法第98条第1項の規定により下記のとおり仮換地を指定しますので、同条第4項及び第99条第2項の規定により通知します。

記

従前の宅地			仮換地				記事
町丁目・地番	地目	登記地積（基準地積）	街区番号	符号	位置	地積	
○○町二丁目12－2	宅地	m² 227.81 (229.68)	10	12－2	添付図面のとおり	m² 194	
仮換地の指定の効力発生の日				平成○年○月○日			
仮換地については使用または収益を開始することができる日				別に定めて通知する			

（注）1　この通知書記載の「仮換地の指定の効力発生の日」から、従前の宅地については使用し、または収益することができません。
　　　2　別に通知する「仮換地について使用または収益を開始することができる日」までは、仮換地を使用し、または収益することができません。

様式4-3　仮換地指定通知書（鑑）例（底地所有者用（裏指定））

　　　　　　　　　　　　　　　　　　　　　　　　○○　第　　　号
　　　　　　　　　　　　　　　　　　　　　　　　平成　年　月　日
　　　　　　　　　　　　　　　　　　　　　　　＜指定番号　0301＞

○○市△△町
一丁目7番15号
　　甲野　太郎　様　　　　　　　　　　○○市□□土地区画整理事業
　　　　　　　　　　　　　　　　　　　施行者　○　○　○　○
　　　　　　　　　　　　　　　　　　　代表者　○　○　○　○　㊞

　　　　　　　　他の宅地についての仮換地指定の通知
　○○市□□土地区画整理事業施行地区内のあなたが所有する土地に対し、土地区画整理法第98条第1項の規定により下記のとおり他の宅地についての仮換地を指定しますので、同条第4項の規定により通知します。

　　　　　　　　　　　　　　　　記

仮換地となるべき土地			他の宅地についての仮換地				記事
町丁目・地番	地目	登記地積（基準地積）	街区番号	符号	位置	地積	
○○町二丁目12-6	宅地	m² 227.46	10	12-1	添付図面のとおり	m² 245	
^	^	^	^	12-2	^	194	
^	^	^	^	12-4	^	148	
^	^	^	^	12-5	^	146	
^	^	^	^	12-7	^	99	
^	^	^	^	12-8	^	99	
仮換地の指定の効力発生の日				平成○年○月○日			

（注）この通知書記載の「仮換地の指定の効力発生の日」から、他の宅地の仮換地となった区域については使用し、または収益することができません。

様式4-4　仮換地指定通知書（鑑）例（借地権者用）

○○　第　　　号
平成　年　月　日
＜指定番号　0601＞

○○市☆☆町
三丁目2番15号
　　丙野　次郎　様

○○市□□土地区画整理事業
施行者　○　○　○　○
代表者　○　○　○　○　㊞

仮に権利の目的となるべき宅地指定通知

　○○市□□土地区画整理事業施行地区内のあなたの○○権の存する土地について、土地区画整理法第98条第1項の規定により下記のとおり仮換地について仮に権利の目的となるべき宅地またはその部分を指定しますので、同条第5項及び第99条第2項の規定により通知します。

記

従前の宅地に存する○○権			仮換地について仮に権利の目的となるべき宅地またはその部分					記事
町丁目・地番	借地権等符号	申告又は登記地積（基準権利地積）	街区番号	符号	借地権等符号	位置	地積	
○○町二丁目△△-1	(1)	m² 218.91 (220.71)	11	13-1	(1)	添付図面のとおり	m² 198	
仮換地について仮に権利の目的となるべき宅地またはその部分の指定の効力発生の日								平成○年○月○日
仮換地について仮に権利の目的となるべき宅地またはその部分の使用または収益を開始することができる日								別に定めて通知する

（注）1　この通知書記載の「仮換地について仮に権利の目的となるべき宅地またはその部分の指定の効力発生の日」から、従前の宅地については使用し、または収益することができません。
　　　2　別に通知する「仮換地について仮に権利の目的となるべき宅地またはその部分の使用または収益を開始することができる日」までは、仮換地を使用し、または収益することができません。

様式4－5　法第76条申請に関する説明書

○○市○○土地区画整理事業施行区域内における
土地区画整理法第76条申請について

1．法第76条の要旨

　　土地の形質の変更もしくは建築物その他工作物の新築、改築もしくは増築を行い、または法令で定める移動の容易でない物件の設置もしくは堆積を行おうとする者は、都道府県知事の許可を受けなければなりません。

　　［土地の形質の変更］とは、宅地地盤の切盛、区画割の変更を指します。

　　［建築物］は、法第76条の許可がないと建築確認を受けることができません。

　　［工作物の新築等］は、土留、擁壁、ブロック壁等の新築等をいいますが、高さが2メートルを超すものについては、別途建築確認申請が必要です。

　　［移動の容易でない物件］は、5トン超の物件です。

　　［許可権者］は、○○市の場合は○○市長です。

2．提出書類（3部提出）

　ア．行為許可申請書

　イ．確約書

　ウ．種別ごとに次の図面を提出していただきます。

　　(1) 建築物

　　　　a. 位置図（S：1/10,000）

　　　　b. 街区内申請地図（S：1/1,000～1/500）
　　　　　街区内に占める申請地の位置確認、建築物位置表示

　　　　c. 配置図（S：1/100）
　　　　　隣接地との距離、汚水排水経路、雨水排水経路、軒の出

　　　　d. 各階平面図

　　　　e. 二面以上の立面図または断面図
　　　　　縮尺、軒、庇の出を明示

　　(2) 工作物（擁壁、土留等）

　　　　a. 位置図（S：1/10,000）

　　　　b. 街区内申請地図（S：1/1,000～1/500）

　　　　c. 配置図（S：1/100程度）

　　　　d. 平面図

　　　　e. 側面図

　　　　f. 構造詳細図

(3) 土地の形質の変更
    a．位置図
    b．街区内申請地図
    c．配置図
    d．横断図

3．申請に当たっての留意事項
  ア．当事業の工事の進捗状況および今後の予定、または使用収益における問題点等もありますので、できるだけ関係図書を作成する前に、当事業事務局と事前協議してください。特に、住宅金融公庫の融資を希望される方は、手続き期間に制限がありますので、申込前にお早めにご相談ください。
  イ．申請図書の修正は、必ず原図において行うこと。また許可後の変更は、認められません。この場合は、取り下げ申請し、その後再申請を行うことになります。
  ウ．現地において面積が確定していない申請地は、外壁後退を1メートル程度お願い致します。
  エ．工作物の設置については、種別、構造、現地の状況により、境界からの後退が必要な場合があります。
  オ．確認申請の際に、提出する図面の内容と法第76条申請の許可図面の内容とに相違がないように注意してください。
  カ．工作物の基礎、または土間コンクリート等をU字溝に密着させないでください。

                    （法第76条申請書添付図作成要領は省略します。）

様式4－6　法第76条申請書

土地区画整理事業施行区域内行為許可申請書

平成　年　月　日

○○市長
　○　○　○　○　殿

申請人住所
氏名　　　　　　　㊞

　土地区画整理法第76条第1項の規定により、次の通り許可を受けたいので別紙関係図書を添えて申請します。

申請行為	概要	場　所	○○市○○町○丁目○○番地
		種　別	建築行為、土地形質変更行為、物件の設置堆積行為
		工事種別	新築、改築、増築、移転、大規模の修繕、その他
		構　造	木造、石造、ブロック造、鉄骨造、鉄筋コンクリート造
		階　数	地下　　階、地上　　階
		用途または目的	住宅、店舗、工場、倉庫、旅館、浴場、飲食店、事務所、その他
		数量または規模	建築面積　　　　　　平方メートル 延面積　　　　　　　平方メートル 高さ　　メートル、長さ　　メートル 容積　　立法メートル、重量　　トン
	期　間		許可の日から 着工の日から
敷地との関連			
その他の必要事項			
土地所有者の承諾		住所 氏名　　　　　　　　　　㊞	

申請書経由欄	施行者受付	市長村受付	備考

注　意　事　項

1．この許可申請書は、○○市○○土地区画整理事業の施行者に提出してください。
2．この許可申請書中該当の事項を○で囲み、その他必要な事項を記入してください。

3．申請行為の場所が従前の土地であるときは町名地番を、仮換地であるときは街区番号を、道路公園等の公共用地であるときは、それぞれの名称、または何番地先も記入してください。
4．［その他の必要事項］欄は、この申請行為に関連して土地区画整理法以外の法令等にもとづいて、同時に手続きをしているときの内容等を詳しく記入してください。
5．この許可申請書は、次の図面および書類を添付してください。
　　位置図　　方位、道路、交通機関および著名な地形、地物等により、申請場所の位置が容易に確認できる図面であること
　　配置図　　縮尺、方位、地名、地番、敷地および仮換地境界線、敷地内における工作物、木石等の位置、敷地に接する道路の位置および幅員、計画道路の位置および幅員を記入すること
　　平面図　　申請行為物件の平面図、ただし建築以外の工事の場合は、現況および計画を対比できるようにすること
　　書　類　　申請行為の場所が、占用許可地の場合は、占用許可証の写しを添付すること

　この申請図書の内容について打ち合わせ等に関する連絡先を記入してください。
　　　名称　　　　　　　　ＴＥＬ　　　　　担当者

　　　※　本申請書は市町村が許可権者で最初に施行者宛に申請する場合の例です。

様式4−7　法第76条申請に伴う確約書

法第76条行為許可後の注意事項確約書

1. 許可後、工事着手3日前までに着手届（1部）を、当事務局宛まで提出のこと。また着手に当たっては、所定の許可済表示板を設置のこと。
2. 許可内容に反した施工をしないこと。変更がある場合には、取り下げ申請の後、再申請を行うこと。
3. 道路、U字溝、縁石、ガス、上下水道管、杭等を破損した場合には当事業の仕様にしたがい破損者の負担において、遅滞なく修復すること。この場合、当事務局職員の確認を受けること。
4. 付帯工事に必要な諸手続きについては、必ず申請し許可後に着手すること。
5. 現場における安全、防災、衛生等には十分注意し、当事業に支障になると判断される事柄については、当事務局の職員の指示に従うこと。
6. 道路用地上に、資材を設置、堆積しないこと。また隣地を使用する場合には、必ず土地所有者の許可を得ること。
7. 確定杭（コンクリート杭）未設置箇所については、必ず設置スペースを確保しておくこと。（10cm四方の開口部とし、杭の測設に支障がないように配慮する。）
8. 工事完了後は、U字溝、道路用地、隣地等の清掃を行い、残材を放置したままにしないこと。
9. 工事完了後は、直ちに完了届（1部）を、当事務局宛提出し、建築工事完了後、住所を移転した場合には、あわせて住所変更届を提出すること。
10. 工事に当たり、事前に隣地所有者に工事の概要について説明すること。

行為地の表示

1. 種別（該当番号に○）
   ア．仮換地　　イ．未指定地　　ウ．保留地
2. 位置
   第○○街区（番地）○○号
3. 面積
   基準面積　　　　平方メートル
   仮換地面積　　　平方メートル　（または、保留地面積）

　　上記注意事項を確認し、遵守することを確約致します。

　　平成　　年　　月　　日
　　○○市○○土地区画整理事業

代表者　〇　〇　〇　〇　殿

　　　　　　　　　　　　　　　　申請人住所
　　　　　　　　　　　　　　　　　氏名　　　　　　　　　　㊞
　　　　　　　　　　　　　　　　工事人住所
　　　　　　　　　　　　　　　　　氏名　　　　　　　　　　㊞
　　　　　　　　　　　　　　　　　　（法人名、代表者名、印）
　　　　　　　　　　　　　　　　　［工事担当者　　　　　　］

様式4-8 換地明細

換地明細書 (　頁)

所有者の住所および氏名	従前の土地 所有権の登記の有無	市・町丁目	地番	地目	地積 m²	街区番号	市・町丁目	地番	地目	地積 m²	所有権以外の権利または処分の制限で既登記のもの 種別	部分	符号	記事
○○市○○町87番地8 甲野 太郎 外1名		○○市○○町	86－5	宅地	200.12	1	○○市○○二丁目	65－1	宅地	180.44	1番 抵当権 2番 抵当権	全部		
○○市○○町五丁目5番地 乙山 次郎		○○市○○町	87－10	宅地	53.21						1番 抵当権	全部		法95条6項により金銭清算 法104条1項により消滅
○○市○○町二丁目16番地 丙川 三郎		○○市○○町	87－11	宅地	64.98	2	○○市○○二丁目	66－1	宅地	147.98	1番 根抵当権	全部		
		○○市○○町	87－14	宅地	115.46									
○○市○○町四丁目32番地 丁田 四郎		○○市○○町	95－1	宅地	520.32	1	○○市○○二丁目	65－2	宅地	235.42	1番 抵当権	全部		
						2	○○市○○二丁目	66－2	宅地	221.33	1番 抵当権	全部		
○○市		○○市○○町	87－12	公衆用道路	330									法105条2項により消滅
国土交通省							○○市○○二丁目	100－1	公衆用道路	650				法105条1項により帰属
○○市							○○市○○二丁目	100－2	公衆用道路	1,300				法105条3項により帰属

様式4-9 各筆各権利別清算金明細（所有権者の部）

各筆各権利別清算金明細書（所有権者の部）

権利者の住所	○○市○○町187番地8		
おょび氏名	甲野 太郎 外1名		
共有の場合の持分	2/3		（　　頁）

従前の土地

市・町丁目	地番	地目	登記地積 m²（基準地積）	所有権以外の権利または処分の制限 種別	部分 符号	地積 m²（基準権利地積）	権利価額 円
○○市 ○○町	86-5	宅地	200.12 (212.46)	1番抵当権 2番抵当権			37,300,632

換地処分後の土地

市・町丁目	街区番号	地番	地目	地積 m²	所有権以外の権利または処分の制限 部分 符号	地積 m²	権利価額 円	記事
○○市 ○○二丁目	1	65-1	宅地	180.44			38,748,910	

	交付 円	徴収 円
清算金（共有持分に応じた金額）		1,448,278 (965,518)
仮清算金（共有持分に応じた金額）		
清算金精算額（共有持分に応じた金額）		1,448,278 (965,518)
供託すべき金額〔あなたに係る供託すべき金額〕		

様式4－10　各筆各権利別清算金明細（借地権者等の部）

各筆各権利別清算金明細書（借地権者等の部）

権利者の住所	○○市○○町87番地13					(/ 頁)
おおよび氏名	丁河 史郎					

準共有の場合の持分　／

	従 前 の 土 地					換 地 処 分 後 の 土 地					記事
市・町丁目	地番	地目	登記地積（基準地積）m²	所有権以外の権利または処分の制限		権利価額 円	市・町丁目	街区番号	地番	地目	所有権以外の権利または処分の制限	権利価額 円	
				種別	部分符号	地積 m²（基準権利地積）						部分符号	地積 m²	
○○市○○町	86-13	宅地	109.15 (110.00)	賃借権	1	一部	11,323,970	○○市 ○○二丁目	21	65-4	宅地	1	一部	106.15	12,775,328	所有権者 丁河 三郎

	交付　徴収　円
清算金（共有持分に応じた金額）	1,451,358
仮清算金（共有持分に応じた金額）	
清算金精算額（共有持分に応じた金額）	1,451,358
供託すべき金額〔あなたに係わる供託すべき金額〕	

様式4-11 各筆各権利別清算金明細（抵当権者等の部）

権利者の住所 および氏名	○○市○○町八丁目1番2号　ABC信用金庫															（頁）

各筆各権利別清算金明細書（抵当権者等の部）

従前の土地							換地処分後の土地							記事
市・町丁目	地番	地目	登記地積 m² (基準地積)	所有権以外の権利または処分の制限			権利価額 円	市・町丁目	街区番号	地番	地目	地積 m²	所有権以外の権利 または処分の制限	権利価額 円	
				種別	部分符号	地積 m² (基準権利地積)							部分符号 地積 m²		
○○市 ○○町	86-5	宅地		1番抵当権 2番抵当権	全部 全部	200.12 (212.46)	37,300,632	○○市 ○○二丁目	1	65-1	宅地	180.44		38,748,910	所有権者 甲野太郎 外1名
○○市 ○○町	86-10	宅地		1番抵当権	全部	53.21 (54.32)	4,334,870								所有権者 乙山次郎 法95条6項 により金銭 清算 法104条1項 により消滅

	交付 円	徴収 円
清算金 （共有持分に応じた金額）	5,783,148	
仮清算金 （共有持分に応じた金額）		
清算金精算額 （共有持分に応じた金額）	5,783,148	
供託すべき金額	5,783,148	
[あなたに係わる供託すべき金額]	(5,783,148)	

様式4－12　換地処分通知

番　　　号
平成　年　月　日

○　○　○　○　殿

○○市○○土地区画整理事業
代表者　○　○　○　○　㊞

換地処分通知書

　土地区画整理法第103条第1項の規定により、本事業の施行地区に係る換地計画において定められた別紙明細書、および換地図のとおり換地処分をします。

（注）
1．添付すべき〈別紙明細書〉は、換地明細書、および各筆各権利別清算金明細とする。
2．工区ごとに換地計画を定める場合は、〈施行地区〉を〈第○工区〉とする。
3．添付図書
　　換地図（通知を受けるべき者に係る換地、またはその部分の位置地積等を表示する）
　　　1葉

様式4−13　換地処分の公告があった旨の届出

〇〇〇〇第〇〇号
平成〇〇年〇〇月〇〇日

〇〇法務局
　〇〇出張所長　殿

〇〇市〇〇土地区画整理事業
代表者　〇　〇　〇　〇　㊞

土地区画整理事業換地処分公告の通知について

　土地区画整理法第103条第4項の規定による換地処分の公告があったので、同法第107条第1項および同法施行規則第22条第1項の規定により下記のとおり通知いたします。

記

1．土地区画整理事業の名称
　　　〇〇市〇〇土地区画整理事業

2．施行地区に含まれる地域の名称
　　　〇〇市〇〇町〇丁目、同町〇丁目の全部
　　　ならびに〇〇町〇丁目および〇〇町〇丁目の各一部

3．添付書類
　　(1)　換地処分公告の写し　　　別紙のとおり
　　(2)　換地計画の認可書の謄本　別紙のとおり
　　(3)　換地図　　　　　　　　　別紙のとおり
　　(4)　換地明細書　　　　　　　換地処分による土地の登記嘱託書援用

以　上

様式4−14　換地処分登記嘱託書例

（土地に関するもの）

土 地 区 画 整 理 事 業
換地処分による土地の登記嘱託書

平成〇〇年〇〇月〇〇日

〇〇法務局
　〇〇出張所　御中

〇〇市〇〇土地区画整理事業
施行者　〇　〇　〇　〇
代表者　〇　〇　〇　〇　㊞

別紙のとおり土地区画整理法の換地処分によって登記を嘱託する。

登記原因及びその日付　　平成〇〇年〇月〇日　土地区画整理法の換地処分

登録免許税　　　　　　登録免許税法第5条第6号により免除

添付書類　　　　　　　嘱託書写し
　　　　　　　　　　　換地計画を証する情報
　　　　　　　　　　　法第103条第4項の公告を証する情報
　　　　　　　　　　　換地処分後の土地の全部についての所在図

(建物に関するもの)

土 地 区 画 整 理 事 業
換地処分による建物の登記嘱託書

　後記のとおり、土地区画整理登記令第20条の規定による登記を嘱託する。

平成○○年○○月○○日
嘱　託　者　　　　　　　　　　　　　　　　○○市○○土地区画整理事業
　　　　　　　　　　　　　　　　　　　　　　施行者　○　○　○　○
　　　　　　　　　　　　　　　　　　　　　　代表者　○　○　○　○　㊞

○○法務局　○○出張所　御中

登記の目的　　　　　　　　　　建物表題部変更
登記原因およびその日付　　　　平成○○年○月○日　所在変更
添　付　書　類　　　　　　　　嘱託書写し
　　　　　　　　　　　　　　　建物所在図

不動産の表示		所有者の表示
変更前の表示	変更後の表示	
○○市○○町86番地5 (仮換地　○○市○○土地区画整理事業1街区1画地) 家屋番号86番5 共同住宅 木造スレート葺2階建 床面積 　1階　145.02平方メートル 　2階　145.02平方メートル 1番共同担保目録か第9832号 2番共同担保目録か第9834号	○○市○○二丁目65番1 家屋番号　65番1	○○市○○町87番地8 甲野　太郎

様式4－15　清算金決定通知書

清　算　金　等　金　額　決　定　通　知　書

平成　　年　　月　　日

（整理番号）

　　　　　　　　　　　　　　様

○○市○○土地区画整理事業

代表者　○　○　○　○　㊞

　○○市○○土地区画整理事業施行地区内のあなたの　　　　の清算金について、土地区画整理法第111条の規定により相殺後の徴収または交付すべき金額を、下記のとおり決定したので、通知します。

記

	千	百	十	万	千	百	十	円
徴 収 清 算 金								
交 付 清 算 金								
うち供託すべき金額								

（注意）
1. 既に徴収または交付済の仮清算金があるときは、これを徴収または交付する清算金に充当してあります。
2. 交付すべき清算金と徴収するべき清算金があるときは、相殺した残額を徴収または交付します。
3. 交付すべき清算金は、従前の土地が先取特権、質権または抵当権の目的となっているときは、債権者から供託しなくてもよい旨の申出書の提出がなければ、供託しますからご承知おきください。
4. 清算金が○万円以上のときは、分割徴収・交付となります。
5. 徴収交付の時期、方法等については、別に通知します。

様式4－16　供託不要の申出書

（整理番号）

　　　　　　　交　付　金　供　託　不　要　の　申　出　書

　　　　　　　　　　　　　　　　　　　　　　　　平成　　年　　月　　日

○○市○○土地区画整理事業

施行者　○　○　○　○

代表者　○　○　○　○　殿

　　　　　　　　　　　　　　　住　所

　　　　　　　　　　　　　　　　（先取特権者・質権者・抵当権者）　　実印

　○○市○○土地区画整理事業の施行により、交付を受ける下記土地についての清算金は、これを供託しないで下記権利者へ交付されるよう願います。

　　　　　　　　　　　　　　　　記

権利者の住所・氏名	権利の種類	従前の土地			換地処分後の土地			清算金（円）	減価補償金（円）
		町名	地番	符号	町名	地番	符号		

　　担保権の種類
　　順　位　番　号
　　取　扱　支　店　名

（注意）1．申出書の提出期限は、平成　　年　　月　　日ですから、遅れないように提出してください。期限内に申出がないと土地区画整理法第112条にもとづき供託します。
　　　　2．印鑑証明書（法人にあっては、あわせて資格証明書）を添付してください。

〔記載要領〕
1．この帳票は、法第112条該当調書により作成すること。
2．同一の担保権者の担保権が複数設定されている場合は、その担保権の種類および登記上の順位番号を「担保権の種類」および「順位番号」にそれぞれ記載すること。

様式4－17　租税特別措置法第33条の4、第65条の2等にもとづく課税の特例（5,000万円控除）を受ける場合の証明書

別紙1（公共事業用資産の買取り等の申出証明書）

<table>
<tr><td colspan="8">公共事業用資産の買取り等の申出証明書</td><td>資産の所有者
への交付用</td></tr>
<tr><td rowspan="2">資産の
所有者</td><td colspan="2">住所（居所）
または所在地</td><td colspan="6"></td></tr>
<tr><td colspan="2">氏名または
名　　称</td><td>法人
個人</td><td colspan="5"></td></tr>
<tr><td rowspan="2">事　業　名</td><td rowspan="2">買取り等の
申出年月日</td><td rowspan="2">買取り等の
区　　分</td><td colspan="5">買取り等の申出をした資産</td></tr>
<tr><td colspan="3">所　在　地</td><td>種　類</td><td>数　量</td></tr>
<tr><td rowspan="4">　</td><td rowspan="4">．．</td><td rowspan="4">　</td><td colspan="3"></td><td></td><td>m²</td></tr>
<tr><td colspan="3"></td><td></td><td></td></tr>
<tr><td colspan="3"></td><td></td><td></td></tr>
<tr><td colspan="3"></td><td></td><td></td></tr>
<tr><td colspan="3">摘　　要</td><td colspan="5"></td></tr>
<tr><td rowspan="2">公共事業
施行者</td><td colspan="2">事業場の所在地</td><td colspan="6"></td></tr>
<tr><td colspan="2">事業場の名称</td><td colspan="6">印</td></tr>
</table>

（記載要領等）

1　この証明書は、買取り等を必要とする資産につき公共事業施行者が最初に買取り等の申出を行ったつど作成し、当該申出にかかる資産の所有者に交付すること。

2　この証明書の各欄は、次により記載すること。

(1)　「資産の所有者」欄の「法人」・「個人」の文字は、該当するものを○で囲むこと。

(2)　「事業名」欄には、資産の買取り等を必要とする事業の名称を具体的に記載すること。

(3)　「買取り等の申出年月日」欄には、買取り等を必要とする資産について最初に買取り等の申出をした年月日を記載すること。

(4)　「買取り等の区分」欄には、買取り等の態様に応じ、「買取り」、「消滅」、「交換」、「取りこわし」、「除去」または「使用」と記載すること。

(5)　「買取り等の申出をした資産」の各欄は、次により記載すること。

　イ　資産の種類ごとに、かつ、一筆、一棟または一個ごとに別欄に記載し、記載欄が不足する場合には、別紙を追加すること。

　ロ　「種類」欄には、土地にあっては宅地、田、畑、山林、原野等と、建物にあっては木造住宅、鉄筋コンクリート造店舗等と記載するなど、具体的に記載すること。

(6) 「摘要」欄には、資産の買取りを必要とする事業の施行者が国または地方公共団体である場合において、当該事業の施行者に代わり、地方公共団体または地方公共団体が財産を提供して設立した団体が当該資産について買取り等の申出をするときは、当該事業の施行者である国または地方公共団体の名称を、「事業施行者○○県」等と記載すること。

別紙2（公共事業用資産の買取り等の証明書）

公共事業用資産の買取り等の証明書						
譲渡者等	住所（居所）または所在地					
	氏名または名　　称	法人 個人				
資産の所在地	資産の種類	数量	買取り等の区分	買取り等の年月日	買取り等の価額	
		m²		・　・	百万	千	円
				・　・			
				・　・			
				・　・			
(摘要)							
○事業名				○買取り等の申出年月日	・　・		
公共事業施行者	事業場の所在地					
	事業場の名称						印

（記載要領等）

1　この証明書は、公共事業施行者が資産の買取り等を行ったつど作成し、当該資産の譲渡者等に交付すること。

2　この証明書の各欄は、次により記載すること。

(1) 「譲渡者等」欄の「法人」・「個人」の文字は、該当するものを○で囲むこと。

(2) 「資産の所在地」から「買取り等の価額」までの各欄は、次により記載すること。

　イ　資産の種類ごとに、かつ、一筆、一棟または一個ごとに別欄に記載し、記載欄が不足する場合には別紙を追加すること。

　ロ　「種類」欄には、土地にあっては宅地、田、畑、山林、原野等と、建物にあっては木造住宅、鉄筋コンクリート造店舗等と記載するなど、具体的に記載すること。

　ハ　「買取り等の区分」欄には、買取り等の態様に応じ、「買取り」、「消滅」、「交換」、

「取りこわし」、「除去」または「使用」と記載すること。
　ニ　「買取り等の価額」欄には、買取り等をした資産の対価として支払うべき金額を記載すること。
(3)　「摘要」欄には、次に掲げる事項を記載すること。
　イ　事業名（資産の買取り等を必要とする事業の具体的な名称）
　ロ　買取り等の申出年月日（買取り等をした資産について最初に買取り等の申出をした年月日）
　ハ　資産の買取り等に際し、当該資産の買取り等の対価以外に各種の損失補償として支払うべき金額がある場合には、当該対価および当該対価以外の損失補償の金額の支払総額ならびに当該対価以外の損失補償の交付名義ごとの支払金額
　ニ　資産の買取りを必要とする事業の施行者が国または地方公共団体である場合において、当該事業の施行者に代わり、地方公共団体または地方公共団体が財産を提供して設立した団体が当該資産の買取り等をしたときは、当該事業の施行者である国または地方公共団体の名称

別紙3（公共事業用資産の買取り等の申出証明書（写））

資産の所有者	住所（居所）または所在地					
	氏名または名称	法人 個人				

事業名	買取り等の申出年月日	買取り等の区分	買取り等の申出をした資産			
			所在地	種類	数量	
					m²	
	． ．					

摘要	
公共事業施行者	事業場の所在地
	事業場の名称　　　　　　　　　　　　　　　　印

税務署受付印

公共事業用資産の買取り等の申出証明書（写）

税務署提出用

（記載要領等）
1　この証明書（写）は、買取り等を必要とする資産につき公共事業施行者が最初に買取り等の申出をした日の属する月の翌月10日までに、事業場の所在地の所轄税務署長に提出すること。
2　この証明書（写）の各欄は、別紙1「公共事業用資産の買取り等の申出証明書」の記載要領に準じて記載すること。

（以上、「国税庁ホームページ」より）

様式4－18　終了（廃止）認可申請

土地区画整理事業終了（廃止）認可申請書

　　　　　　　　　　　　　　　　　　　　　　　　　　　年　　月　　日

〇〇市長〇〇〇〇様

　　　　　　　　　　　　　　　　　　　　　　　〇〇市〇〇土地区画整理事業
　　　　　　　　　　　（共同施行の場合連署）　住所
　　　　　　　　　　　　　　　　　　　　　　　氏名　　　　　　　　　㊞

　土地区画整理法第13条第１項の規定により、土地区画整理事業の終了（廃止）の認可を受けたいので、関係書類を添えて申請します。

　添付書類
(1)　土地区画整理事業の終了を明らかにする書類または廃止しなければならない理由
(2)　認可を申請しようとする者が債権者の同意を得なければならない場合においては、その同意を得たことを証する書類
(3)　事業計画に住宅先行建設区を定めている場合において、事業の終了についての認可を申請しようとするときは、次のアまたはイの書類
　　ア　指定された宅地についての指定期間を経過したことを証する書類
　　イ　施行地区における住宅の建設を促進するうえで支障がないと認められることを明らかにする書類

あとがき

　財団法人区画整理促進機構が、街なかの小規模区画整理の多くが個人施行で行われていることに着目し、個人施行の実務を掘り下げようという研究会を設けたのは、1年ほど前のことでした。

　当初、研究会では組合施行に比べれば個人施行の実務は簡単なはずだから、直ぐに成果をまとめられると安易に考えていましたが、始めてみるとこれがなかなかどうして、一筋縄にはいかないことが分かってきました。まず、個人施行に関する文献がほとんどない。おまけに事例も少ない。その少ない事例を頼りにヒアリングしてまわると、実務の進め方は皆まちまちで定型がないことが分かりました。そして、異口同音に「個人施行は手引きにあたるものがないので、手探りでやった」と漏らしていました。我々は途方にくれる一方で、ますますこの本をまとめる意義を感じたのでした。

　さて、本書を執筆するにあたり、注意したことがいくつかあります。一つは、一般の地権者を意識しつつも、実際に事業を運営する実務者の役に立つ本にするということでした。確かに一般地権者にも理解してもらうことは大事ですが、それを意識するあまり表層的な説明に終始し、実務者の役に立たないものとなっては本末転倒です。結果としてかなり専門的な内容となりました。

　もう一つは、組合施行の実務本の焼き直しにならないようにするということです。多くの事例がそうであったように、区画整理だけのことを考えれば組合施行を手本とすることで事業を実施することは可能です。とはいえ、今後は建物を建てるうえで個人施行の区画整理を活用する場面が増えるであろうことを考えると、組合施行との対比という視点で捉えるだけでなく、建物との連携という視点に軸足を置いて整理すべきだと考えました。

　さらに、定型のない個人施行の実務に新たな定型をつくったり、それを押し付けたりはしないということにも注意しました。定型がないということは、初めて実務に携る方にとって不安かもしれませんが、逆に自由度が大きいということでもあります。そうした中で指針となるようなものを示せたらよいという思いで書きました。

　そうこうしているうちに季節はめぐり、最初にこの研究会が開催されてから2度目の秋を迎えようとしています。紆余曲折ありながらも、なんとかここまでまとめ上げることができたのは、事務局をはじめ多くの方々の協力があったからです。紙幅の都合上、一人ひとりの名前を上げることはできませんが、この場を借りて深く感謝いたします。

　最後に、この本の最初に触れた「美しい街づくり」は、弛まない実務の積み重ねの上にあることを信じ、筆を置くことにします。

平成18年　初秋
著者を代表して　大場　雅仁

索引

あ〜お

位置図	64, 106
一人施行	6, 126, 175
一般会計調査	54
一般会計補助	8, 39, 80
一筆地測量	52, 58, 92
印鑑証明	106, 137
ヴィークル	86
永小作権	104, 170
オリジネーター	86

か

街区確定図	93
街区高度利用推進事業	8
街区高度利用土地区画整理事業	8
街区の再編	3, 35, 66, 98
会計規程	61, 136
会社施行	6, 10, 38
開発型不動産証券化	86
開発許可	9, 35, 86, 88, 100, 106
開発行為	9, 36, 88, 174
画地	95, 158
合算減歩	67
合併換地	189
借入金	38, 77, 84, 86, 133, 136, 197
仮換地	11, 60, 84, 128, 156, 169, 185
仮換地指定図	158, 160
仮換地指定通知	157
仮換地証明	129
関係権利者	10, 27, 45, 104, 132, 157, 169, 183
監査機関	61, 127, 132
監査要綱	59, 61
監事	59, 130, 132, 136, 137
換地	10, 45, 92, 130, 159
換地規程	61, 95
換地計画	23, 63, 92, 154, 182, 188, 193
換地計算	68, 95
換地処分	60, 108, 124, 156, 177, 188, 193
換地設計	27, 55, 62, 92, 156, 182
換地分割	189
換地割り込み	96, 97
監督官庁	135

き

議決機関	127, 132
機構・公社施行	6
技術的援助	29, 46, 51, 84
規準	26, 56, 93, 106, 126, 195
基準地積	60, 93, 158
議事録署名人	129, 134
規約	26, 56, 59, 106, 130, 132, 195
行政行為	107
行政処分	108, 156
供託	195
共同施行	6, 39, 56, 76, 104, 124, 175
業務代行者	42
許可	9, 90, 95, 107, 172
許認可	86, 107, 131

く

区域図	64, 106, 124
区画形質の変更	9, 36, 59
区画整理会社	6, 42, 54, 80, 81
区画整理設計	54, 62, 65, 76, 100, 176
区画整理促進機構	35, 43
組合施行	6, 34, 38, 43, 56, 80, 104, 124

け

経過報告書	106
形成的行政行為	107
決算書	126, 136
原位置	4, 98
原価法	95
現況区域重ね図	92
現況測量	46, 51, 54, 92
現況地形図	92
原始取得	15, 18
建築確認	29, 86, 154, 156, 169, 174
建築行為	34, 90, 172
建築物整備事業	41, 74, 76
減歩	45, 62
権利価額	25, 29, 52, 96
権利調査	48, 49, 92

こ

広域的条件調査	47
合意形成	10, 34, 37, 39, 86, 99, 102, 176
公益的施設	66, 74
公益法人	43
公共減歩	67
公共施設管理者負担金	58, 76, 82, 83
公共施設用地総括表	50
公共施設用地調書	50
公共団体施行	6, 38, 84, 88, 196
公共法人	40, 124
工事請負規程	61, 163
工事施行	59, 107
公示送達	154, 188, 189, 191
公図	50, 104
更正地積	67
高度利用推進区	65, 98
国土調査法	51, 154, 180
個人施行	6

さ

財産目録	126, 128, 136
歳入歳出計画	62, 76

し

市街化区域	55, 64, 71, 88
市街化調整区域	88, 106
市街化予想図	89, 106
市街地開発事業	9, 88
市街地再開発事業	35, 156, 184
市街地再開発事業区	65, 94
敷地界	37, 64, 92
敷地整序型土地区画整理事業	8, 71
敷地の集約化	98
事業化支援制度	43
事業計画	23, 56, 62, 92, 135, 183
事業計画変更	75, 127, 183
事業年度	16, 56, 135
事業報告書	126, 128, 130, 136
資金計画	77, 137
私権制限	90, 107, 197
事前協議	34, 100, 104, 180, 183
質権	60, 104, 188, 194
執行機関	127, 136
実態調査	48
借地権者	43, 50, 56, 93, 132, 175, 188
借家権者	46, 185
収益還元法	95
収支予算書	126, 137
従前の土地図	93
住宅先行建設区	65, 94, 197
種目別施行前後対照表	67
使用収益開始	154, 159, 161, 169
使用収益権	70, 97, 169
諸規程	61
助成制度	46, 76, 88

庶務規程	59, 61, 131
人口集中地区	3

す〜そ

出納閉鎖	60, 130, 137
清算金	29, 75, 96, 131, 155, 182, 194
税制優遇	4, 36
施行期間	62, 75, 83, 107, 124
施行区域	88
施行者負担金	58, 70, 76, 79, 84
施行主体	10, 27, 38, 88
施行地区	37, 46, 56, 64, 89, 106
施行認可	34, 50, 89, 100, 106, 157, 167
施行前宅地地積	67
施行予定地区	47, 62
設計概要図	89
設計図	65, 75, 106
設計の概要	62, 65, 107
折衷式	96
先取特権	104, 188
総会	40, 57, 127, 133
総合設計	9, 95, 101, 102
測量作業規程	51
測量増減	58, 67
損失補償基準	61

た

第三者施行	19
大臣施行	6, 88
代表者	45, 59, 109, 124, 127, 131, 164
代表者印	124
建物の共同化	5, 44, 98
短冊換地	98
担保権	104, 188, 194

ち

地域地区	47, 62, 74
地役権	10, 60, 104, 170
地区界測量	52, 67, 93
地権者会議	59, 97, 127, 163
地権者協議会	43
地権者負担金	79
地上権	50, 104, 170, 175
地積式	96
帳簿	16, 126, 130, 137
賃借権	50, 93, 104, 170, 176, 185

つ〜と

定款	26, 41, 56
抵当権	10, 27, 45, 60, 70, 104, 188, 194
出来形確認測量	29, 154, 180, 194
デューデリジェンス	37
同意一人施行	21
同意共同施行	22
同意書	24, 27, 50, 100, 104, 106, 197
同意施行	7, 19, 29, 39, 55, 80, 106, 176
登記所	29, 50, 124, 155, 180, 188
登記簿謄本	50, 106
登録専門家派遣制度	35
道路整備特別会計	39, 54, 80
特別宅地	94
都市計画決定	37, 88, 102, 107
都市計画事業	37, 82, 88, 107
都市計画施設	90
都市計画図	64
都市計画道路	65, 81
都市再生区画整理事業	8, 39, 80
都市再生事業計画案作成事業	54
都市施設	88
土地各筆調書	50
土地区画整理事業調査	54, 55

土地種目別調書　　50
土地立ち入り　　50, 109
土地評価　　63, 79, 94, 102, 130
土地評価基準　　61
飛び換地　　98
飛び施行地区　　37
取引事例比較法　　95

な〜の
中抜き施行地区　　37
名寄せ簿　　50, 106
縄縮み　　58, 93
縄伸び　　58, 93
入札参加者資格審査基準　　61
認可　　106, 107, 182, 197

は〜ほ
廃止申請　　197
廃止認可　　23
筆　　50, 52, 157
筆界　　64, 92
非都市計画事業　　88

評価式換地計算　　96
評定価額　　60, 96
比例評価式換地計算　　96
不動産鑑定評価　　58, 95
不動産証券化　　86
分合筆　　193
平均減歩率　　68, 92, 97
法定再開発　　35
補助　　10, 21, 39, 54, 70, 75, 79, 130
保留地　　15, 23, 42, 58, 79, 188, 197
保留地減歩　　67, 76
保留地証明　　70, 129
保留地処分規程　　61, 79
保留地処分金　　15, 70, 75, 79

ま〜わ
民事上の契約　　23
命令的行政行為　　107
優遇措置　　10, 36, 197
用益権　　104
予算　　59, 76, 129, 131
路線価式土地評価　　58

編集者一覧

【個人施行区画整理研究会】

(委員)

蔵敷明秀	財団法人区画整理促進機構専務理事
木下瑞夫	明星大学理工学部教授
大場雅仁	株式会社東急設計コンサルタント建築設計本部企画開発統括部ＰＭ
加塚政彦	玉野総合コンサルタント株式会社区画整理部技術課長
杉浦　宇	昭和株式会社東京第一技術センター顧問

(アドバイザー)

伊藤康弘	画地測量設計株式会社技術担当取締役
小野　均	株式会社双葉常務取締役総括部長
近藤　章	株式会社オオバ都市再生部長
斎藤洋一	株式会社日測首都圏事業部調査設計部課長
髙田誠治	株式会社八州都市整備部部長
夛田盛一	株式会社サンワコンまちづくり事業部営業統括リーダー
鳥飼　修	日本測地設計株式会社取締役営業本部長

(事務局)

斎藤邦彦	財団法人区画整理促進機構企画部長
鈴木雅雄	財団法人区画整理促進機構企画部企画担当部長
岡崎健次	財団法人区画整理促進機構企画部企画課長（前任）
堀　雅雄	財団法人区画整理促進機構企画部企画課長
冨田剛久	財団法人区画整理促進機構企画部主幹
石冨達郎	財団法人区画整理促進機構支援事業部研究員（前任）
新野友美	昭和株式会社東京第一技術センター（議事録作成担当）

(平成18年7月1日現在)

著者略歴

大場雅仁(おおば まさひと)（第1章，第2章，第3章）

1958年静岡県浜松市生まれ。1981年東京都立大学工学部土木工学科卒業。同年㈱東急設計コンサルタント入社後、建築物と一体となった民間都市開発事業に多く携わり、現在同社建築設計本部企画開発統括部プロジェクトマネージャー。著書に「敷地整序型土地区画整理事業実用マニュアル」、「小規模区画整理のすすめ―これからの街なか土地活用―」（共著）。技術士（都市及び地方計画）、土地区画整理士、再開発プランナー。

加塚政彦(かづかまさひこ)（第4章）

1958年愛知県生まれ。1982年名古屋大学法学部法律学科卒業。1983年玉野総合コンサルタント㈱入社後、主として区画整理の換地業務に携わり、現在同社区画整理部技術課長。著書に「土地区画整理事業・市街地再開発事業一体的施行マニュアル」（共著）、「敷地の集約化・共同利用による土地活用のすすめ～土地区画整理事業における「高度利用推進区制度」の活用の手引き～」（共著）、「小規模区画整理のすすめ―これからの街なか土地活用―」（共著）。
技術士（都市及び地方計画）、土地区画整理士。

杉浦　宇(すぎうら ひろし)（第1章，第3章）

1945年山梨県塩山市生まれ。1967年日本大学理工学部経営工学科卒業、1969年日本大学大学院建設工学修士課程修了。同年㈱地域計画連合入社、その後地域設計研究所㈱を経て、1984年昭和㈱入社。主として都市計画、まちづくり計画、区画整理の計画業務に携わり、現在同社東京第一技術センター顧問、日本大学生産工学部建築工学科非常勤講師。著書に「公民館・コミュニティ施設ハンドブック」（共著）、「不滅の土地活用」（共著）。
技術士（都市及び地方計画）、土地区画整理士。

個人施行区画整理の手引き
―ひとりの発意から街づくりへ―

2006年10月15日　第1版第1刷発行

編　集　　財団法人　区画整理促進機構
共　著　　大場雅仁・加塚政彦・杉浦宇
発行者　　松　林　久　行
発行所　　株式会社 大成出版社
　　　　　東京都世田谷区羽根木1−7−11
　　　　　〒156-0042　電話 03(3321)4131㈹
　　　　　http://www.taisei-shuppan.co.jp/

©2006　大場雅仁・加塚政彦・杉浦宇　　　　　　印刷　亜細亜印刷
　　　落丁・乱丁はおとりかえいたします。
　　　　　ISBN4-8028-9312-4